VON FALKEN
HUNDEN UND PFERDEN

DEUTSCHE ALBERTUS-MAGNUS-ÜBERSETZUNGEN AUS DER ERSTEN HÄLFTE DES 15. JAHRHUNDERTS

TEIL II

EINGELEITET UND HERAUSGEGEBEN

VON

KURT LINDNER

WALTER DE GRUYTER & CO. BERLIN

1962

QUELLEN UND STUDIEN

ZUR GESCHICHTE DER JAGD

HERAUSGEGEBEN VON

KURT LINDNER

VIII

INHALT

Heinrich Münsinger

Bůch von den falcken, hebchen, sperbern, pferden vnd hůnden 7

Hie hebett sich an das Bůch 9

Das erste Teyle saget von den Falcken 11

Das ander Teyle von den Hebchen vnd Sperbern 66

Das tryt Tayl sagt von den Pferden 99

Das vierde Teil sagt von den Huͤnden 141

Glossar 151

ARCHIV-NR. 84 37 622

HEINRICH MÜNSINGER

BŮCH VON DEN FALCKEN, HEBCHEN, SPERBERN, PFERDEN VND HŮNDEN

A

Universitätsbibliothek Heidelberg Cod. Pal. germ. 247

Das federspil zu beraytten. 1r

Hie hebett sich an das bůch von den falcken, hebchen, Sperbern, pferden vnd hůnden.

HOch geborner, gnediger, lieber herre, Als ůwer gnade, die von angeborner arte zů adelichen dingen vnd zů allem dem, das den adel gezieren mag, fürtrefflichen geneiget ist, zů den zitten, Als ich zum letsten zů weiblingen by der selben ůwer gnade gewesen bin, mir gebotten haut zů tutschen vnd in tutsche zů beschriben Solichs als die philosophi vnd maister von der nature der falcken, der hebich, der sperber vnd der huͤnde vnd dar zů ouch von nature der pferde in latin geschriben hät, vnd da mit ouch was sie von der selben jr nature geschriben hant, Als die ytzo in ir gebresten vnd suͤchte gefallen ist, Wie man die mit ertzenye zů gesunthait wider bringen sol, Also, gnediger lieber

---

1 Diese Überschrift wurde nachträglich hinzugefügt und stammt von einer Hand des 16. Jahrhunderts. Sie fehlt BCDEFGH. 1r

2 Überschrift fehlt BEFG. In H fehlt das Vorwort 1r[2]–2r[16] ganz und ist durch die in Teil I, 95/96 wiedergegebene Fassung ersetzt.

4 gnediger fehlt G.

5 dem fehlt BFG.

7 ich fehlt D.

9 schriben C; das die BEFG; von natur FG.

10 facken A; von 1r[10] der falcken bis 1r[11] nature fehlt B; vnd der sperber FG; vnd der huͤnde fehlt E.

11 von nature fehlt C; der natuer der hunde statt nature der pferde E.

12 ouch fehlt D; Nattur derselben B.

13 letzten jn statt ytzo in ir B; ir fehlt EFG; mit fehlt D.

14 jn gesundheit B; lieber fehlt B.

herr, Nach dem vnd es billich ist, das ich nach allem meinem vermůgen der selben ůwer gnade in den vnd in andren sachen ytzu vnd zů allen zitten gehorsam vnd willig sy, So hon ich hie in dissem bůch Nach beschrifflichkeit miner sůnen vnd nach vermůgunge miner vernuft mit der hilff gotes volbracht sollichs,
1v das mir ůwer gnade also // jn den Obgeschriben stucken zů tůnd gebotten hät mit sölicher ordenunge vnd wise, das ich diß bůche in vier tail geteylt haun.

Das erste teyle saget von den falcken.

Das ander teyle von den hebchen vnd sperbern.

Das tryt tayl sagt von den pferden.

Das vierde teil sagt von den hůnden.

Vnd ein iglich teil hät sin vnderscheit vnd Capitel nach dem vnd man sie nach ein ander ordenlichen gezeichent findet. Vnd vor dem anfang einer yglichen vnderscheit vnd Capitel so findet man mit roter geschrift geschriben vnd gezeichent, wo von die rede des Capitels vnd vnderscheid sagt.

---

[16] vnd andern B.

[17] andern statt allen B; syten statt zitten C.

[18] begreifflicheit BCEFG, beschreiblichkait D; synn BCDEFG.

[20] den fehlt B.

1v [1] das buch F.

[2] dru statt vier E; haut A.

[3] teyle diß buchs E; sagt in gemain H.

[4] erst tail statt ander teyle D; teyle fehlt BEFGH; saget von den hebchen FG; von (den BFG) sperbern BEFG.

[5] Vnd das EH; tayl fehlt BFG; hunden statt pferden E.

[6] Vnd der statt Das BFG; sagt fehlt F; Die ganze Zeile fehlt E.

[10] grober statt roter B; vnd gezeichnet fehlt E.

[11] saget, als es auch hie jn diesem register hiernachgeschrieben geschrieben stett E.

Das erst teil diß bůchs jst geteilt in nůn Capitel, vnd wo von die sagent findet man hie nach ein ander ordenlichen geschriben. Vnd by yglichem Capitel vindt man verzeichent die zale des blates, an dem es sich an facht.

Das erste Capitel sagt, wie man durch die namen falck, habich vn*d* sperber nit verstan sol fogel vnd federspil von einer arte vn*d* zucht, als etlich maister gemeynt hant.

Das ander Capitel saget, wie vil eygenschafft alle falcken vnd von welcher zucht sie sint gemeynlich an in habent, dar durch sie ein vnderscheyd habent von anderm federspil.

Das dryt Capitel saget, wie mangerley falcken // man findet 2r
vnd was aygenschafft ein yglich zucht der edelen falcken hant, vnd wa mit man sie erken*n*en sol.

Das vierde Capitel saget von den vnedeln falcken, wie manigerley die sint.

Das fůnfft Capitel saget von den zuchten der vermischsten vnd mitteln falcken, die da gezuchtet sind beyde vß den edeln vn*d* vnedeln falcken.

Das sechste Capitel saget, wie man die falcken bereyten vnd zů der beyß zam machen sol.

---

[12] Von 1 v[12] Das bis 1 v[15] an facht fehlt E.

[13] hie fehlt B.

[14] die zale fehlt G.

[16] nanen A; fack A; in E ist das Register 1 v[16]—2 r[16] durch die in Teil I, 86—92 wiedergegebene abweichende Gliederung ersetzt.

[20] an fehlt B.

[21] vor andern vederspil habendt B.

[5] vermausten B; vnndt vermischten G.

[6] den fehlt B. 2r

[8] bereyten zu der paiß vnnd (wie man sie B) zam BFG.

Das siebende Capitel sagt, wen*n* der falck ytzo zů der beyß berayt vnd willig ist vn*d* ouch gesůnt, wie man in gesunt behalten sol.

Das achte Capitel sagt von den suchten der falcken vn*d* von den ertznyen, die dawider sint, Als sie maister wilhalm, konig Rodigers von cecilien falckener, vor zytten bewert vn*d* beschriben hät.

Das erst Capitel, das da sagt, wie die falcken, die hebich vnd die sperwer nit einß geschlechts sint.

1493⁴⁻¹⁴ | THeodocion, Aquila vnd Symachus, die naturlich philosophi vnd meyster in dem bůch, das sie von dem federspil dem konig ptholomeo von egypten land geschriben hant, haissent gemeynlich alles federspil, da mit man beisset, falcken. Vnd also vnder dem namen falcken begriffen sie beyde, die hebich vnd die sperwer,
2v vnd furbaß vnder dem na- // men habich begriffen sie die Sperber, wan*n* sie sprechen, das das geslecht der hebich viererley sy.

---

11 vnd auch gesund vnd (vnd fehlt FG) willig ist BFG.

13 vnndt d*er* ertzney G.

14 Als sie keiser Friderichs falckhner etwan vnd Meister B.

15 ettwan statt (falckener B,) vor zytten BFG.

16 Die Inhaltsangabe des neunten Kapitels fehlt ACD; Das Neundt Capittel sagt (diese vier Worte fehlen E) von den sucht*en* der falckh*en* vnnd (von den EFG) Artzneien, dj dawid*er* seind, als sie (etwan E) keiser Friderichs falckhner (ettwan*n* FG) bewert vnd beschriben hat. BEFG. Siehe hierzu Einleitung Teil I, 29—31.

17 Überschrift fehlt B; Das ist das FG; da fehlt DE; wil sagen statt das da sagt H; vnd die hebch CEFG; habich statt die hebich H.

18 auch die Sperbere E; die fehlt H.

19 symach*us* vnd aquila C; die fehlt BFGH; meyster vnd philosophi C.

21 Bartolomeo B.

22 dem fehlt H.

23 begriffen seind H; habich statt die hebich DFGH; Sparber statt die sperwer H.

24 furo statt furbaß BFG; sich statt sie B; die ganze Zeile fehlt H.

Das erste heisse*nt* sie den grossen habich. Das ander, das dar nach groͤsser ist, heissent sie Tritzlin. Das Tryt heissent sie mustet. Aber also wil ich mich der obgeschriben nam*m*en hie in disesem bůch nit gebruchen, besunder nach des landes syten wil ich die falcken suͤndern von den hebichen vnd fu̇rbas die hebich suͤndern von den Sperbern. Vnd ich wil kein vnderscheid vnder dem großen habich vnd dem kleinen, den sie Tritzlin vnd wir das hebchlin ne*n*nen, setzen, dan*n* das der groß ist „sie“ (als vnder allem anderm federspil) vnd der kleiner ist „Er“. Desselben glichen wil ich kein ander vnderscheyd setzen vnder dem grosen Sperber vnd vnder dem kleinen, den sie muͤstet vnd wir die Sprintzen heissen, dan*n* das der groß ist „sie“ vnd der kleiner ist „Er“. | Es ist ouch der warheit glich, das die falcken vnd die habich vnd die Sperber nit einerley fogel zucht vnd geslechts sint, wan*n* man ansicht eins yglichen nature, wise vnd gestalt, von den man hie nach geschriben fuͤndet.

---

[2] vnd das ander E. 2 v

[3] dreyzelein B, trüczlin C, Tritzelin E, tryczelin F, trüzelin G, Trützelein H; Das drit heyssen sie sperber. Das vierd heyssen sie mustet (muster EH, muscet FG) BFEGH. Siehe hierzu Einleitung Teil I, 102/103.

[4] muser C; ver statt will C.

[7] suͤndern fehlt B; ich fehlt H; kein and*ern* BEFGH.

[8] vnndt vndter G; das sy dye Trutzelein hayssen nennen statt den sie Tritzlin vnd H; tratzelin B; vnd wie wir D.

[9] nehmen G; nennen fehlt H; vnd setzen D; er statt der C; sey statt ist „sie“ B; ein Sie E.

[10] all sunder statt als vnder C; anderm fehlt H; and*er*m allem G; ein Er E.

[11] ander fehlt C; machen statt setzen C.

[12] vnd vnder dem kleinen fehlt B; vnder fehlt CG; die statt sie B; muster EH, muscet F; vnd nur FG; wir fehlt H.

[13] die fehlt E; nemen (für nennen) statt heissen C; groisser FG; sy ein statt ist E; sein statt „sie“ B.

[14] ein Er E; der habich B.

[15] fogel fehlt H.

[16] sicht statt ansicht CE.

Das ander Capitel, das da sagt, wie vil eigenschafft gemeinlich an jne habent alle falcken, dar durch sie ein vnderscheid habent von Anderm federspil. //

1453[20]–1454[7] 3r | VJer aygentschafft haben an jne*n* die falcke*n* gemeynlich, dar durch sie ein vnderscheid hond von allem anderm federspil.

Die erste eygenschafft lyt an der gestalt vnd lydmase, die anders ist an den falcken dan*n* an anderm federspil. Vnd die gestalt vn*d* lydmaß gemeynlich der falcken ist Also, das sie hond zů dem Ersten einen grossen kopff, vnd doch nit vnzym*m*lich vnd on lidmäß groß, Als die vͤlen hant, dar vmb sie ouch verzakt sint. Besunder ist der kopff an dem falcken mit guter lidmaß groß vnd grosser dan*n* an Anderm federspil. Vnd er ist da mit nit zů lang noch zů kurtz vnd ist sinwel, nit Abgesliffen gen*n* dem snabel Als an den Aren. Besunder der snabel an den falcken hät einen Anfangk glich vornen an der sinwelle des kopffes, doch die sinwelle des kopffs bereytet sich etwas an der stirnen vnd oben vff dem kopff. Die wangen an dem kopff sint ouch kurtz vnd sinwel.

---

18 Das (Dyß FG) ist das annder BFG; Das ander Capitel, das da sagt fehlt E; das da fehlt H; vil von statt wie vil H.

19 habent fehlt CE.

3r 1 Die statt VJer B.

2 hond fehlt H.

4 vnd statt dan*n* E; anderm statt an anderm C.

5 zů dem Ersten fehlt B; von statt zů C.

6 nit fehlt H.

7 vnd darumb B; von 3r[7] Als die vͤlen bis 3r[8] mit guter lidmaß groß fehlt D.

8 Dan*n* sund*er* statt Besunder B.

9 ein anders statt an Anderm H; er fehlt B.

10 ist fehlt H; mit abgeschliffen vedern statt nit Abgesliffen D.

11 den Aren statt an den Aren B; and*er*n statt Aren G; Besunder fehlt H.

12 doch die sinwelle des kopffs fehlt CH.

13 an statt vff B.

14 die wangen an dem kopff fehlt B.

Vnd sŏlich gestalt jrs kopffes zym*m*et sich mee dan*n* ander gestalt zů jr freidickait, da mit sie von der natur vn*d* behendikeit besunder vndern Anderm federspil begabet sint. Wan*n* nach dem vnd die natůrlich meister sprechent, so ist die hitzig fůchtikeit, die sie zů der snellickeit vnd zů der gehertzikeit an der beyse neiget, beweglicher in dem kopff, der da hät die obgeschri-// ben gestalt, dan*n* 3 v
wer er gantz sinwel oder hette ein ander gestalt. || Dar nach der 1454[8–12]
hals an den falcke*n* ist kurtz vnd kurtzer dan*n* an den Arn oder an den hebchen, doch ist die kůrtze ouch zimlich vnd nit on lidmaß als an den ŭlen vnd huwen. || Vnd fůrbaß die fůß an den 1454[16–20]
falcken sint kurtz. Vnd die diech sint lang, wol gefidert. Vnd das zympt sich wol, wan*n* die fůß alwegent sich uß den diechern. Vnd weren die selben dieher ouch kurtz, so mocht der falck mit den fůssen nit als beweglich sin. Die fůß sint ouch dick vnd die clauwen starck in den gleychen. Vnd die flůgel rŭrent sich hinden an mit den lengsten obern federn, an der sachs. Vnd nach dem an rŭren ist fůrbaß der swantz an dem falcken kurtz vn*d* hanget

---

[15] jrs fehlt G; zeucht statt zym*m*et H; an statt dann C.

[16] freidickeit vnd behendickeit BEH; vn*d* behendikeit fehlt nach natur BEFGH; fraidikait mania D; vor vn*d* steht in A das Wort maria; da mit sy besunder C.

[17] vnd fehlt C; nach dem vnd fehlt H.

[18] meister fehlt H; so ist fehlt H; die sie zů der snellickeit vnd zů der gehertzikeit fehlt FG.

[20] den jn statt in dem C.

[1] er het statt oder hette H. 3 v

[3] nit fehlt D.

[4] vnd huwen fehlt H.

[5] lang fehlt E; das statt Vnd das E.

[6] Zieret sie statt zympt sich B; dann statt wan*n* C; bewegent statt alwegent BEFGH.

[9] die rurend FG.

[10] achsseln statt sachs E.

nit als vast als an dem habch vnd an dem sperber. Vn*d* die selbe
kůrtze bedůtet ouch, das der falck nit als vil kalter fůchtigkeit hät
by jm, die den swantz lengern mŏge, Als der habch oder sperber.
Dar vm*b* es ouch ist, das er gehertzer ist an der beyß dan*n* sie. |
1454[32–40] | Die ander eigenschafft, dar durch die falcken gesundert werden
von anderm federspil, lyt an jr farbe. Vnd die farbe, die gemeynlich
allen falcken zů geeyge*nt* wirt, jst, das der falck an der angesicht
vmb die ougen vn*d* an den wangen hät wise flecken vff ycklicher
syten des snabels. Vnd sust uff dem kopff vnd oben vff dem hals
4r vnd uff dem tach vnd an dem usser-//teyl der flůgel so ist er
dunckel far swartz. Vn*d* dar nach an der brust vnd an andren
stetten so ist er feech, Also dz ein tayl, besunder jn dem ersten
jare, ist gestriffelt swartz vnd das ander teyle dunckel rote. Vnd
dar nach so wirt die selbe rote von jare zů jare ye wisser, nach dem
1455[1–9] vnd sich der falck ye mer můset. Die ougen ouch an dem falcke*n*
sint vast gele, vn*d* der sterne dar jn ist swartz. Vn*d* die fůß an dem
falcken sint gele mit wisse*n* vermischet. Vn*d* ye myn*n*er die wisse
*m*it der gilb an den fůßen des falcken sich vermischet, ye gebůri-

---

12 vnd als statt nit als B.

13 hät fehlt EH.

14 vnd statt oder C; oder der E.

15 ein Er E; ein Sie E.

17 der statt jr C; alle gemainklich H.

19 vmb statt an den C.

20 uff dem kopff vnd oben fehlt D.

21 tussern teil FG.

4r 1 dunckelfarb B, fare E, dunckel uar swarcz F, dunckelner schwartz G, tuncklfal H; der schwantz statt swartz D; an den andern stetten D.

2 feech fehlt B; frech CE.

3 jare fehlt B; Darnach statt Vnd dar nach E.

4 so fehlt B.

5 falck fehlt H; sich mausset BFG; ouch fehlt CEH.

8 nit statt mit A; gilben statt gilb an C; der statt an den D.

scher vnd vnedeler der falcke an jm selbs ist. Vn*d* weren die fůß blawe Als ein saffyr, so wer es ein zeichen, das der selbe falck vnedel were, wan*n* die selbe farb kompt von irdischen groben dempfen vn*d* dar vmb betůte*n*t sie, das der falck swer vnd treg ist. | Da von kumpt ouch, das der selbe falck mit den blauen fuͤssen, den man ne*n*net blafůß, selten zů der beyse als gut ist Als die rechten edeln falcken, da von man hernahet me geschriben findet.

| Die tryt eygenschafft der falcken, dar durch sie gesuͤndert 1455[22–29]
werdent von anderm federspil, lyt an jren wercken vn*d* geberden. Vn*d* das werck vn*d* die geberde des falcken ist, als er ytzo sich selbs beissen wil, das er snelliglich uff stiget vn*d* zuͤcht die fuͤß vn*d* die cläwen nahe an die brust. Vn*d* zů stund stiget er abe nit snur rechts, sonder schels vn*d* besytze vn*d* mit grosser vnbestem*m*e-keit vnd // schalle, Recht Alß so der wind weet, || stoßt er vnd 1456[4–8] 4 v
schlecht den fogel, den er beisset, mit dem scharpffen drieckten bein, da mit jne die natur zu sölichem werck zů volbringen vornen an der brust gewapent hät, | Als die meister schribent, wie wol

---

[9] ye vnedler H; falcke fehlt FG.

[12] sie das das B; trege vnd swere EFG.

[13] auch kombt statt kumpt ouch B.

[14] nempt statt ne*n*net FG; den blowfues BFG; vnd selten D; ist fehlt H.

[15] man fehlt FG; me fehlt H.

[17] der falcken fehlt H.

[18] lyt fehlt C.

[20] selbs fehlt CH.

[21] zeucht statt stiget B.

[22] vngestimikeit B, vnbestemikayt C, vnstümikait D, vngestömekeit E, vngestumikeit F, vnbesäumikeit G, vngestüemigkait H.

[23] schnell statt schalle H; wohl statt Recht B; so fehlt BE; ob statt so H; wehet seer BFG; feret er statt stoßt er H; (vnd FG) er statt stoßt er vnd BFG; stoßt er fehlt E.

[1] truckten D. 4 v

[2] zupringt statt zů volbringen D.

[3] ettliche statt die B; wol gar statt wie wol B; wie fehlt FG; gar statt wol H.

etlich felckner des nit gelöubent. Vnd dar vmb nach der beschribu*n*ge der alten meister ist es weidenlicher gesprochen „der falcke stoßt den fogel“ dan*n* so ma*n* spricht „er slecht den vogel“. Aber die felckner, die ytz sint, meynend anders. Vn*d* jn dem slahen vn*d* stoßen risset er ouch dem vogel ein wunden mit den clauwen, die er an die brust gezogen hät, vnd besunder mit den
1455[22]–1456[3] hyndern clawen. | Vnd ist es sach, das der falck einen gesellen hät, der jm hilffet bysen, so ist sin art, das er sich in dem abestigen dick fůget vnder den fogel, den er da bysset, vnd hindert den als lang, bis der fogel in die rechten refieru*n*ge kom*m*en ist vn*d* sin geselle, der ůber sich gestigen ist, jn dem abestigen me geslahen
1456[12–27] vn*d* ůber kom*m*en mag. || Vn*d* das ist das hůbsche bysse*n*, das zwen falcken also ein ander helffent byssen. Vn*d* der falck hät ouch die arte, das er zů dem bayssen gern einen gesellen hät, wie wol er sust gern allein ist. Vn*d* dem selben gehilffen mit teilt er ouch den fogel, den*n* er gebeisset hät. Vnd das tut ein sperber oder ein habich nit. Welcher falck auch, als er uff gegangen ist, snelliglich

---

[4] der fehlt C.
[6] beschlecht statt es slecht H.
[7] die meynent E; nendt statt meynend G.
[8] vn*d* stoßen fehlt BFG; oder stoßen E; ein fehlt E.
[10] hinder clauwen, die er an die broste geczogen hait E.
[11] Do ist statt so ist F; ist es C; daß er jn sim abstigen C.
[12] da fehlt C; jne also statt den als B; den vogel alß statt den als C; von 4v[12] den er da bis 4v[13] fogel fehlt H.
[13] biß das E.
[14] jn B, yne E statt me; me fehlt FG; abschlahen statt geslahen C.
[15] verwunden B, gewonden E, verwonden FG, oder gestossen vnd verwunden H statt ůber kom*m*en; die statt zwen G.
[16] also fehlt E.
[17] nat*ur* vnd arte statt arte C.
[19] Vnd das tut ein sperber oder ein habich nit fehlt B.

wider abstiget, Also das man zwischen dem uff vnd abstigen nit wol gemercken mag, das er ruge, der ist edel vn*d* zů der beysse allein oder mit einem gesellen // gůt. Welcher aber nach dem vnd 5r
er ůber sich gestigen ist, mit zurspråtten flugeln sich etwas enthelt vn*d* mercklich ruget, Als der blawfůß tůt, der ist etwas onedel vn*d* ist allein nit vast gůt zů der beisse. Dan*n* jn dem*m* Rugen, das er tut, So empflůget jm dick der fogel, den er beisset, vnd syder nů also, Als ytz gesagt ist. Der falcken arte gemeynlichen ist snelliglich vn*d* bald begern, wz sie sechent von den vogeln, die jne zů der bo̊sse gůt sint. So ist es not vn*d* ouch gůt, wan*n* der felckner den falcken vff der hand treyt vnd da mit nit beißt, das er jm ein hube*n* uff setze. Vn*d* das hůben bringet zwen*n* nütze. Der ein ist, das der felckner dem falcken da mit wert, das er nit begert zů fliegen vnd sich nit dick swinget. Der ander nütz ist, wen*n* der felckner den falcken ytzu beissen wil vn*d* ym*m*e die huben abziechet, das der falck von selczemkeit der gesicht dester begiriger ist vn*d* dester sneller zů der beysse. Er wirt ouch von den huben dester zem*m*er vn*d* vergisset dester ee siner gesel-schafft. |

---

21 auf steigt statt abstiget H.

22 gůt fehlt H; aber fehlt B.

1 baß statt etwas B. 5r

2 vmvert statt ruget B.

3 ist fehlt B.

4 als statt das B; So fehlt B; dick fehlt D; seid B, syd er C, seider D, sied*er* G statt syder (syder EFH).

5 me alß C, nun D, nu E statt nů; also fehlt B; ist fehlt E.

6 daß statt wz C; das statt die B.

7 peyssen B, baysin C, paiß D, beyße E, beissen FG, payssen H statt bo̊sse; es fehlt C.

8 jm statt nit C.

10 da mit fehlt H.

11 dickh statt nit dick B; Das ander F.

14 so wirt er auch statt Er wirt ouch D.

15 begreyfft statt vergisset B.

1456[19]–1457[19] | Die vierde eygenschafft der falcken, dar durch sie gesůndert werden von anderm federspil, das lyt an jrem geschrey, das da gewonlich grŏber ist vn*d* lenger weret dan ein ander*n* federspil. Doch so ist es ettwas an dem anfang hoch. Aber es nydert sich ettwas in die grŏbin biß an das ende, mee dan*n* an dem habch oder sperber. Vn*d* wan*n* der falck vast vn*d* dick schryet, das ist ein zaichen sins zorns oder sins hungers. Vn*d* ist es, das er zornig
5v ist, So sol man jne hůben. Jst er aber hung // erig, das merckt man wol, ob er mager ist. So sol man jne vor essen, ee man da mit beisset, wan*n* es zů der beysse uast schadet, So der falck vast schriet. Vnd durch das geschrey empflůget im dick der fogel an der beysse, das er jne nit gestossen mag. Man sol auch dem falcken von der beysse wider locken mit grosser grober sty*m*me, Als man den hunden locket, nit zů der hant, Sonder zů dem luder, uß vier oder uß fünff fluglen jn eins fogels wise zů samen gebunden. Vnd das selbe lůder sol an ein schnur gehengt sin. Vn*d* der falckner sol ouch das selbe lůder mit der snur bewegen vn*d* vmb werffen vnd den falcken dar zů — als vor geschriben ist — mit grober sty*m*me locken. So kompt er wider zů yme. Doch so sind etlich falcken vnd besunder, die man jn welschem heisset montaner, vn*d* zů tůtsche heissent sie bergfalcken, die nit gern wider ko*m*-

---

[19] grösser statt grŏber D; ein fehlt B; an statt ein FGH.

[20] etzwas statt es ettwas C, ettwas fehlt H.

[23] eins zorns oder hungers B; oder hungers H.

[24] heb*e*n statt hůben H; merckh statt merckt man B.

5v [1] er aber H; her (ee H) das man BH.

[2] schad ist statt schadet C; wan statt So BEH.

[5] hin wyder C.

[6] besunder zu einem luder BEFGH.

[7] uß fehlt C.

[10] dar zů fehlt B; stet statt ist E.

[12] vnd besunder fehlt BE; wellisch statt jn welschem B; Meicktonar B, monstanee H.

[13] so heissend FG; Burgkfalcken H.

ment. Vnd das geschicht entweders, das sie zornig sint, das in der vogel an der beyß engangen ist, oder dar vmb, das sie vol sint vn*d* des luders nit begerent. Doch schadet es nit vil, Jst es, das der selbe falcke von dem fälckner zů dem ersten wol gezempt vn*d* bereyt ist. Wan*n* von sunderer art ist er so trůwe, wan*n* er also von dem fälckner wol gezempt vnd bereyt ist, das er wider heim fluget als die tuben thund, Als bald im der zorn vergangen ist oder jne hungern wirt, Als man das ettwan*n* erfaren hät vnd der groß maister Alberchtus schribet, das er das gesenhen habe. Doch wen*n* der falck // von dem falckner nit wol gezempt vn*d* bereyt were, 6r
so were es gůt, das er da mit nit beiste, Er wer dan*n* vor ettwas hungerig. Dan*n* durch den hu*n*ger so kem*m* er dester ee zu dem lůder. |

Die vorgeschriben vier aygenschafft sol man nit versten, das sie alle falcken glich habent. Wan*n* als hie nach geschriben ist, so hät ye ein falck von einer zucht ein ander gestalt vn*d* lydmäß vn*d* ouch ein ander farbe vn*d* ein ander geschrey vn*d* ein ander art an der beisse, dan*n* der falck, der da ist von einer ander zůcht. Vn*d* dar vm*b* so sol man verstan, das den falcken gemeinlich die

---

[14] Vnd fehlt C.

[15] jn statt an B.

[16] Jst statt Jst es B; ist das das FG.

[17] zu statt von D; ersten mal BH.

[18] also statt so D; Wann er dann von einer sundern arte ist, so ist er so getruwe E.

[20] rucken statt tuben E; yme das vergangen ist vnd auch der zcorne E.

[21] es statt ettwan*n* H.

[22] maister fehlt E; spricht statt schribet D.

[3] so fehlt B. 6r

[4] vier fehlt H.

[5] als fehlt B; her nach D; stet statt ist EH.

[6] ander farbe vnd gestalt vnd ouch lydmaß vnd ouch C.

[7] geschrej. desselben gleichen ein statt geschrey vn*d* ein B; farbe vnd ein ander gestalt E.

[9] so fehlt B.

vier vorgeschriben eigentschafft zů geeigent werden, So man vnderscheyd vnder jne vnd vnder Anderm federspil haben wil. Es habent ouch die falcken sust vil ander eigenschafft an jne, die das ander federspil nit enhät, Aber es ist nit [not], die hie zů erzelen, wan*n* es ist gnug mit den vieren, die ytz gesagt sint.

Das trit Capitel, das da sagt, wie manigerley falcken man findet vnd was eygenschafft ein igliche zucht der edeln hat vnd wo mit man die erken*n*en sol.

1457[25–29] | MAn findet gewonlich zehenerley zucht der edeln falcken, da ye ein zucht von der andern ein schinberlichen vnderscheid hat vnd dar nach findt [man] try bescheiden zuchten der vnedeln falcken vnd try dar nach der mittel falcken, die da ko*mm*ent von der
6v vermischung zů samen der edeln vnd der vnedeln falcken. // Vnd zů dem letsten findet ma*n* ein zucht de*r* falcken, die kompt von der vermischu*n*g zů samen der edeln vn*d* vnedeln falcken, vnd sie ist gantz vnedel vnd ist doch gůt zů der beiße. Von den allen wil ich hie nach ein ander sagen. |

---

10 vier fehlt H; aygenschafftten, die vor geschriben sind, C.

11 den vnderscheit E; anderm statt vnder Anderm E; wil fehlt E.

12 ander fehlt H.

13 nit not BCEFGH; dieselben statt die E; hie fehlt H.

14 erzelt (gezelt FG) statt gesagt BEFGH; als letztes Wort folgt abgekürzt sequitur A.

15 Das ander Capittel FG; das da fehlt BH; das da sagt fehlt E.

16 der edeln fehlt H.

17 Edeln valcken FG; wie statt wo mit H; den statt die E.

18 findet auch B; gemeinlich statt gewonlich G.

20 findet Man BDEFGH; sind statt findt C; edlen statt vnedeln G; vnd try dar nach der mittel falcken fehlt BH.

21 von 6r21 try bis 6r22 falcken. // Vnd fehlt C.

22 vnd vneddeln EH; falcken fehlt H.

6v 1 die do BEFGH; der fehlt E.

2 der edeln vnd vnedeln valcken zu same*n* FG; der vnedeln BE; edeln statt vnedeln H.

Von der ersten edeln zucht. Die heisset sackerfalcken.

| DJe falcken von [der] ersten zucht, die da ist die edelst vnder jn allen, heissent gewonlich Sacker falcken. Symachus der meister heyset sie britanisch falcken. Etlich heissent sie lufft falcken, wan*n* sie den lufft lieb hond vnd stigen hoch über sich in den lufft. Den falcken, der da ist von der selben edelsten zucht, Sol man durch nach geschriben stuck vnd zeichen erke*nn*en. Er gät hoch uff i*n* den lufft, Als ytz gesagt ist, vnd begert an der beyße nuͤr der grossen vnd nit der kleinen fogel. Vn*d* er hät groß dick starck fuͤß vn*d* die clauwen dar an sint gruͤlich scharpff vnd starck. Sine angesicht schint Auch gruͤßlich vnd manlich, vnd die ougen bri*nn*en vnd sint rot, vermist ein wenig mit gelbe. Der kopff an jme jst groß vnd der schnabel vast hart vnd starck. Vnd die fluͤgel sint nit jnn gesmuͤckt, Sonder das vorderteyl dar an ist erhöcht, recht als er zů allen zytten begirig vnd bereit sy zů fluͤgen an der beisse. Vnd allein der falck von dieser zucht hät etwas einen langen swantz. Vnd sin groͤsse ist nach glich der groͤsse der Aren. Vnd

1457[30]–1458[25]

---

5 Überschrift fehlt BFGH; Die falcken von der E; die da E.

6 von der BCDEFGH.

8 heißet Brytanische E; Etlich heissent sie lufft falcken fehlt H.

9 in die lůfft D.

11 durch diß BEFGH; Also erkennenn BFG.

12 *in* fehlt E; brieffe statt beyße E.

13 die statt der grossen C; starckh, dickh vnd groß B; groß starck dick E; dickh groß starckh H; dick fehlt C.

14 starck vnd scharff H.

15 greulich sein BE; vnd syn manlich FG; Vnd fehlt H.

16 vnd fehlt E; vnd vermüscht C; etwas statt ein wenig BEFGH; mit der Gelben BH; der kopff vnd der schnabel an jm sind vast groß, hörtt vnd starckh H.

17 ist faste E; vast fehlt C; Vnd fehlt B.

19 als ob BEFGH; zufliegen ist statt sy zů fluͤgen D.

20 der statt dieser E.

jne fůrchtet auch der Are vnd alle ander fogel von dem feder//

7r spil, die da beissent. Vnd jne fürchtent auch dar zů sust die vogel, mit den sich die falcken beissent. Vnd dar vmb so balde sie jne sehent, so fliehent sie entweders in die busche vn*d* hecken Oder sie sitzen vff die erde vn*d* laßen sich da selbs ee fahen mit den henden, ee si über [sich] fliegent jn die lufft, die wile sie also den sacker falcken ober jne sehent. Dieser sackerfalck beißt allein vnd ouch mit einem gesellen vn*d* wirt ouch dester ee zame vnd zů bereit, so man jm uff der stangen ein gesellen zů stellet. Er beißt ouch bas mit einem gesellen dan*n* allein. Vnd er hät den felckner vnd auch die beißhund fast lieb, vnd jne jr gegenwortikeit so ist er vast willig zů der beisse, Als ob er jne das durch sin krafft vnd sin sterck zu uersten wol geben. Vnd ist ouch kein fogel so starck, den er nit nider stoße oder slache an der beisse. Vnd ist, das yme begegent an der beiße mee fogel dan*n* einer, so beißt er sich mit jne allen. Er fahet ouch reher, als die meister sprechen, vnd mit den Clawen zurrisset er jne jr augen vnd jr hirne. Vnd er mag wol uff dry oder vier stund lang oder mee vnder wilen an der beisse fliegen. Er will ouch geesset sin gar zartlich von frischen hertzen

---

[22] fürcht jn H.

7r [1] Von 7r[1] Vnd jne bis 7r[2] beissent fehlt FG.

[2] sie statt sich C; also statt so FG.

[3] vnd in die hecken E.

[4] sie fehlt H; e da fauchen C.

[5] vber sich BDEFGH; also fehlt H.

[6] (also G) sehen fligen (jn die lufft B) BFGH; falckh statt sackerfalck H; oder statt vnd E.

[7] er wirt BEFG; vnd bereydt BEFG; destee berait vnd zam H.

[9] Wann statt Vnd er H; auch fehlt H.

[10] beyssung statt beißhund B; jne fehlt B.

[11] durch das statt das durch C; durch sein sterckh B.

[16] jne fehlt BH; die augen E; hürn statt jr hirne H; mag statt er mag H.

[17] land oder mer F (lang ad*er* mehr G).

[18] gar zcertlich geeßet sin von E; von 7r[18] hertzen bis 7r[19] frischem fehlt FG.

vnd hirnen der ander fogel vnd sust von frischem fleisch, das da warm noch ist, Als es ytz frisch von dem fogel oder von dem tier geno*mm*en ist. Vnd er ysset nach glich als vil als der grosse Are, den man den adeler ne*m*net. // Er haut ouch an jme die vier aigen- 7v schafft, die obgeschriben sint, die ein ytlicher falck an jm haben sol, als obgeschriben ist. Doch so ist sein geschrey dunckel vnd er schriet selten. Vnd wen*n* jm der felckner wider locken wil, So mů̊ß er lut schrien, wan*n* der falck von disser zucht, Als vor geschriben ist, flů̊get vast hoch und ferr. Vnd das lock luder sol ouch groß sin, das er es ferre gesehen mů̊ge. Doch so ist es nit fast sorglich, kumpt er nit zů dem luder. Wan*n* sin art ist, das er selbs heim fluget, wan*n* er dar zů von angefang wol bereit vnd bewent ist von dem felckner. |

Die falcken von der andern edeln zucht, die da heissen Gyrofalcken.

| DJe falcken von der andern edeln zucht heissent Girofalcken, 1458[19]–1459[40] vnd das wort girofalck ist vermischet mit dem latine, wan*n* Giro ist ein latinsch wort. Vnd wan*n* es dem wort namen falck zů

[19] ander fehlt BEH.

[20] noch warm BCEH; es fehlt GH; oder thier B.

[21] ist statt er ysset H; glich noch so viele E.

[22] Vnd statt Er C; vier obgeschriben eigenschafft statt vier aigenschafft, die obgeschriben sint BEFH.

[1] die obgeschriben sint fehlt G; Die fehlt E. 7v

[2] vorgeschriben B; Doch so ist fehlt B; Doch sein geschray ist H; er fehlt H.

[5] ferre fleucht B; luder statt lock luder H.

[6] vast groß H.

[7] selbst heimbfliegen statt das er selbs heim fluget BEFGH.

[8] dar zů fehlt C; gewent vnd berayt C; berait ist vnd gewont H; bewärt statt bewent D.

[10] Überschrift fehlt H; da fehlt C.

[12] edeln fehlt H; dye da hayssen H.

[13] vnd das wort girofalck fehlt B; mit lattine C; vnd statt wan*n* H.

[14] lateinisch (latinest E) statt ein latinsch wort BEFGH; wort fehlt BEFGH; name*n* name*n* C; Gyrofalck statt falck H.

gesetzt wirt, das man spricht Girofalck, So ist nach dem tůtschen als vil gesprochen Als ein zwirbelfalck. Vnd der nam wirt jme dar vmb zů gelegt, wan*n* sin eigenschafft ist, das er sich an der beiße in dem abstigen zwirbelt als lang, biß er den vogel, den er beisset, geslagen vn*d* gestossen mag. Vnd der Girofalck hät die obgeschriben vier eigenschafft an gestalt, an farbe, an der beisse vnd an dem geschrey, die gemeinlich ein ytlich falck haben sol. Aber
8r er ist kleiner dan*n* der sackerfalcke, doch ist er größer dann // der habich, vnd ist hůbsche vnd nit fast lang Nach siner lidmäß. Vnd die achseln an den flugeln sint erhehet. Vnd under allen falcken stat er aller uff rechts vnd bůsempt aller minst. Sin fuß sint ouch knorrecht vnd starck. Vn*d* er beysset allein vnd ouch mit einem gesellen vn*d* beysset lang vnd wit. Dar vmb bedarff der felckner wol, das er wol geritten sy, das er jm gefolgen můge. Er bedarff ouch gutter hůnde, die dar zu gewenet syn, das sie dem falcken den vogel, den er gebeißt hat, helffen heben. Der girofalck wil ouch geesset sin von fleisch, das dem hertzen nahe ge-

---

[15] ist es BCEFGH; nach tüsche*n* C.

[16] so statt als CH; geredt statt gesprochen BH; ein fehlt BFG; wan statt Vnd E.

[17] vffgelegt BFGH; gelayt statt zů gelegt C; dan*n* statt wan*n* C.

[19] oder gestossen hat mag B; gepaissen statt gestossen D.

[20] vier fehlt H; weis statt beisse B; an beiße E.

[21] dem fehlt C; ytlich fehlt H.

8r [3] sich aller BEFG; Sin fuß sint ouch knorrecht vnd starck fehlt FG.

[4] sind nit knorrecht vnd sein (doch statt vnd sein H) starckh BEH; aller minst knorrecht statt ouch knorrecht C; Vn*d* er fehlt H; vnd mit statt vnd ouch mit BC.

[5] einem fehlt C; payst statt vn*d* beysset H; darff statt bedarff B.

[6] beritten statt geritten BH; vnd statt Das er H.

[7] syn fehlt H.

[8] Falckener BH; den vogel fehlt D; haben statt heben E; Vnd der statt Der BEFGH.

standen ist, Wan*n* die wile er wild ist, So ysset er von der beisse nit anders dan*n* das hertze vn*d* das fleisch, das gen dem rechten flůgel nahe by dem hertzen gestanden ist, Besonder so er heimsch tuben oder holcztuben vnd ander hytzig fogel gebeißt hät. Sin aße sol ouch frisch fleisch vnd warm sin vnd das dar uß zů ne*m*men. Wan*n* die wile vnd er noch wilde ist, So isset er von dem fogel, den er gebeisset hät, ee er jne getotet hät. Er eßet sich auch da von nit mee dan*n* ein male. Vn*d* wan*n* jne dar nach hu*n*gert, so beißet er ein frischen fogel. Das tunt ouch die hebch vnd sperber. Vnd dar vmb ist es nit loblich, das etlich felckner tund, die da einem hůne ein diech oder flugel uß zichent vnd den falcken da mit essent, vnd dar nach an dem andern tag das ander diech oder den andern flůgel, der ytz angefangen hät // zů fulen, ouch 8v
uß ziechent vnd den falcken da mit essent, wan*n* der falck vn*d* besunder der Girofalck so zart ist, das er dick dar durch siech wirt. Vn*d* dar vmb ein wiser felckner, so er den falcken esset, Sol sich flyssen als ferre er mag, das er der natur nach folge, Also das er jne esse mit solichem warmen frischen gesunden aße,

---

10 gestand*en* hait E; nachgestand*en* sey H; er dweyl statt die wile B.

11 das Nachent gen H;

13 vnd auch H; oder ander E.

14 das ist daraus zunemen (zu meynen E) BEFGH; uß fehlt C.

15 Wan*n* fehlt H; vnd fehlt C.

16 auch fehlt E.

17 nit me dauon B.

18 andern statt frischen H; tut A; ouch die fehlt H.

19 das do (dz FG) BEFGH; tund fehlt H.

20 einer hennen (eine*m* hanen E) oder einem (einem fehlt H) hun BEFGH; ein flugel BEFG; von 8r[20] uß zichent bis 8r[22] flůgel fehlt E.

21 den andern diech oder flugel B.

22 den andern fehlt H.

1 vßziehen statt uß ziechent vnd B. 8v

2 so fehlt BH; vngesunt statt siech H.

4 Vn*d* fehlt H; kain statt ein C.

5 Also das er fehlt H; den falcken statt jne E; esse fehlt C; frischem warmen

das der falcke zů den zyten, Als er wilde gewessen ist, gewonet hät. So behelt er jne dar durch lang zyt frisch vn*d* gesvnd. |

Die trytten edeln falcken heissent montaner, das sint bergfalcken.

1460^{8}–1461^{17} | DJe falcken von der trytten edeln zucht heissent jn welisch montaner vnd zů tuͤtsche Bergfalcken. Vnd der falcke, der da also heisset, hat die groß des habchs, aber er ist kurtzer dan*n* der habch vnd hät gar ein kurtzen swantz vn*d* ein dick grosß sinwel brust vn*d* kurtz fuͤse, die da vast schuͤppecht sint als ein schuͤp die ander Rytte. Vnd sind ouch die fuͤsse bleich vn*d* die clawen dar an sint scharpff vnd starck. Vnd sin Art vnd gewonheit ist, das er die fuͤß fast besicht. Er ist ouch uff dem tach vnd uff den flugeln uß wendig eschfarbe. Vnd die selbe farbe lutert sich von dem muͤsen ein wenig dunckel farbe. Diesser montaner falck ist boͤser vngeberde vnd vnstet zornig. Vnd findet man selten einen

---

statt solichem warmen frischen B; warmen fleisch frischen gesunden asße E; warmen gesundenn frischen H.

[8] Die Falcken von der dritten Edeln Zucht, die do (do fehlt E) heissen Montaner, (das ist [seindt G] Bergkfalcken EFG) BEFG; Überschrift fehlt H.

[9] bergfacken A.

[10] dye do hayssent H; jn fehlt B; jn welisch fehlt H; welich statt welisch A.

[11] das ist statt Vnd zů tuͤtsche H; da fehlt H.

[12] genant statt heisset H; doch ist er statt aber er ist H; wan*n* statt dan*n* C.

[13] hät fehlt H; groß sinwel dicke C.

[14] kurtz statt vn*d* kurtz H; als ob BEFG.

[15] plaich dye H.

[16] sein statt Vnd sin H; sein gewonhait D; vngewonheit F (vnndt gewonheit G).

[17] außwendig vff statt uff den flugeln uß wendig B; vnd flügelnn H.

[19] je mer vnnd wirt durch das Maussen ettwaß statt ein wenig BEFGH; falckh Montaner BEFG.

[20] geberd statt vngeberde BFGH; vnd zcornig E; man vindet statt Vnd findet man H.

felckner, der sin geberd gantz wiße. Vnd dar vmb raten die natůrlich philosophie, das man jne nit // vff der hant tragen sol, dan*n* 9r des morgens frůwe vnd so man da mit beyssen wil vnd sust zů ande*r* zytten nit, vß genomen so man jne essen wil. So sol man jne stellen jn ein finster ka*mm*er. Vnd des nachtes sol man dar jnn ein hell fuer one rauch machen. Dar durch wirt er zeme vnd lat den zorn. Wan*n* er auch zornig ist, als das besunder an der beisse geschicht, So jm der fogel, den er beißt, empflůget, Also das er von zorn den felckner an dem heupt vnd vnder dem antlicze oder das pferde, da der felckner vff sytzet, oder einen beiß hůnde wondet Oder vnder stat, einen andern falcken zů schedigen. So sol jm der felckner des zornes gedultiklichen gestatten. Dar durch kompt er dester ee zů senfftmütickeit vnd vergisset sins zorns. Doch durch solichs zornes willen sol man jne nicht vernichten oder lichte achten, wan*n* er sust gar kůne ist an der beiß, die fogel, wie grosß sie sint, zu stossen. Vnd er ist also gehertz, das er sich vnderwilen vernůsset zů überwinden den Are. Vnd ist es, das man jne dick an die fast grossen fogel wirfft, So wirt er von zorn so

---

21 alle wiß B, gar wiße EFGH statt gantz wiße; Vnd fehlt H.

22 mit statt nit vff E; dan*n* fehlt E.

1 (vnd E) an dem Morgen BEFGH; so man jne essen wil. So sol man jne 9r stellen fehlt C; soll statt wil BEFG.

2 nit fehlt BEFGH; So fehlt BEGH; sol fehlt F.

3 gaden oder kamer H; sol man ain häll fewr darein machen on ra*u*ch D.

4 mach*e*n an rouch C.

5 besunder geschicht C.

6 geschicht fehlt C; der eme enpflugt den er beisset FG.

7 von zorn fehlt D; vor statt von H.

8 oder die E.

9 wondet fehlt H; Falckner B.

10 der falckner jme BEFGH; gedultilichen A.

12 jne fehlt H.

13 halten statt achten FG; gehertzt (gehertzam H) statt kůne BEFGH.

14 so statt also C; also fehlt H.

jnbrůnstig, das er sich vnderwilen zu tod stosset, Als der groß Alberchtus schribet, das zu sinen zytten geschehen sy, das ein montaner falck beysset ein rephun, vnd jnn dem beissen so fůrkam ein Are das rephun vnd stieß es vor dem falcken. Da von ward der

9v falck zornig // vnd gieng uff vnd wider Abe, vnd mit grosser vngestemickeit traff er den Are an den kopff vnd stieß sich selbes vnd den Are freuelich zu tode. Vnd dar vmb sol der felckner fůrsichtig sin, das er jne nit dick an fast groß fogel, die jme zů starck sint, werff. Vnd man findet ouch vil montaner falcken, die vor zorn vn*d* gry*m*mikeit sich nit benůgen lasen, das sie einen fogel slahen, Sonder sie hond lust dar jn, das sie vil nach ein ander beiß stossent, vnd sint dar zů vnder wilen Also begirig, das sie des aßes nit begerent, so sie doch hungert. |

Die falcken von der vierten edeln zucht heissent pilgrin falcken.

1461[11]–1462[8] | DJe falcken von der vierden edeln zucht, die heissent pilgrin falcken. Vnd zwo sach sint, Als die meister sprechent, dar vmb sie den namen hant. Zů dem Ersten hant sie jne dar vmb, das sie

---

18 ist statt sy B.

19 ain Rephůn paisset H; vnd jnn dem beissen so fůrkam ein Are das rephun fehlt BFG; vorkome yme statt fůrkam E.

20 Are das fehlt C.

21 vnd gieng uff fehlt E; uff vnd fehlt H; wider fehlt B; mit statt vnd mit B.

9v 3 auch den statt vnd den H; Vnd fehlt H.

4 Vnd fehlt H.

6 stahen oder stoßen E; haben sie statt sie hond BFGH.

7 jn einer paiß BEFG; paissen vnd statt beiß D; darzu seind sy statt vnd sint dar zů H; so statt Also BE; Also fehlt H.

8 ob statt so B; hungrig sein H.

9 die (do BEFG) heissen BDEFG; Überschrift fehlt H.

11 dye da H.

12 vnd sint zcwo sache E; warumb BEFG.

jn pilgrims wise von ein lande fliegen in das ander. Die ander
vrsach, dar vmb sie Also heissent, Als etlich felckner gemeynt
haben, ist, wan*n* nieman weisset, wo sie nistent vnd hät ouch kein
man ir nester nie gesehen. Vnd man fahet sie an dem flůg ferre von
der zucht. Aber die vrsach ist nit gantz ware, wan*n* als der groß
Alberchtus schribet, So was zů synen zyten ein Eynsidel, der lang
zyt in dem gebirg gewonet hett. Der saget, wie er dick hett gesehen,
das die pilgrin falcken machten jr nester an den hohsten berge an
den // enden, da die berg schrofecht vnd felsecht waren, vnd das 10r
gar swer wer, dar zů zů ku*mm*en der Růhe halb vnd der felsen
vnd ouch der ferre halb von oben an der berge biß her abe zů
den nestern. Wan*n* als der selbe einsidel saget, So musten die, die
zů den nestern stigen wolten, sich von oben der hohe des bergs her
abe an einem seyle, das da was hundert oder ander halb hundert
vnd vnderwilen zway oder tryhundert claffter lang, byß zů den
nestern laßen. Vnd der selben swer halb ist es villicht vff gestanden,
das man saget, es wisse nieman jr nester nit, das es gantz an jm
selbs war sy, Als ytz gesagt ist. Derselbe einsidel sagt jm ouch, das

---

[14] pilgris A; jn das ander fliegen C.

[15] worumb BEFG.

[16] ist fehlt H; wa hyn sie FG; ein ständ statt nistent D; hiene nisten EH.

[19] spricht statt schribet H.

[20] gesehen het BEFGH.

[21] jn die hohisten BEFH.

[1] gahr saur G; schwär dar zu ze kömen wär H; dar zů sye zekomen C; 10r
halb der C; Rewhin vnd der felsen halb.

[2] ouch fehlt H; worrin statt ferre FG; halb fehlt H; vnd oben statt von oben CH; an dem berg BFGH; pis zw statt zů H.

[3] Dann C, Vnd H statt Wan*n*; sye C, die DE, die, so H statt die, die.

[4] wolten fehlt D.

[5] das da was hundert oder druhundert klaffteren lang FG.

[6] vnd vnderwilen zway oder tryhundert fehlt DH; zweyhundert oder dreyhundert BC.

[8] vnd gantz an jm ware statt nit, das es gantz an jm selbs war H.

er dick gesehen hett, das die alten pilgrin falcken den jungen das essen in die nester brachten, vnd sagt ouch da mit, das der alten gewonheit vn*d* Art sy, Als balde die jungen von der wollen komen sint vnd fliegen mogen, das sie sie dan*n* von den nestern uß stossen von mangels wegen des gefůgels an den selben hohen bergen, da mit sie sich essen solten. Vnd dar vmb so bald vnd die jungen also von den alten uß gestossen sint, so fliegen sie vff die eben, da sie fogel gnug zů beissen findent, vnd fliegent also von einem lande in das ander vnd habent kein besunder heimwonu*n*g in keinem
10v lande. Vnd dar vmb so findet // man sie gewonlich jn Allen landen. |
1462[34]-1463[3] | Vnd sie seint cleiner dan*n* die montaner oder die bergfalcken vn*d* habent kürtz swentz vnd lang flůgel vnd einen grossen kopff vnd lange dieher vnd kurtz bein. Vnd wan*n* die knorrecht sint, So ist der falck dester edeler. Vnd die bein vnd die fůsse sind wiße. Vnd die falcken sint ouch senftmůtig vnd guter geberde, wan*n* sie wol geesset sint. Vnd sie beissent gewonlich den antfogel. Wan*n* aber der felckner sie wol bereit vnd kůne gemacht hät, So beissent sie ouch den Reiger vnd den kranch. Vnd das ist die grôste macht: jr kůnheit, die sie vermogen an der beysse. |

---

[12] sy die FG.

[13] sie statt sie sie D; dan*n* fehlt BEFGH.

[14] von wegen mangel H.

[15] dar vmb fehlt H; so bald dj BH; also fehlt H.

[16] werden statt sint D.

[17] aus einem lande G.

[18] ainem D, dehaynem CFG statt keinem.

[19] so fehlt B.

10v [1] montaner falcken CE; oder pergfalcken H.

[4] dye pain vnd füess statt Vnd die bein vnd die fůsse H; seind weiß vnd dickh B; Sy statt Vnd die falcken H.

[5] vnd fehlt H.

[6] Vnd beyssent E.

[7] vnd (sie BFG) gehertzt statt vnd kůne BEFGH.

[8] sy den Rayer vnd auch den Krenich H.

[9] gehertzickheit statt kůnheit BFGH; yn statt an FG.

Die falcken von der fůnfften edeln zucht, die da heissent hofer falcken.

| DJe falcken von der fůnfften edeln zucht heissent hofer falcken. | 1463[3]
| Vnd vrsach des names ist, das der falck von der zucht hät Als 1463[15]–1464[18] einen kurtzen hals, das man den kopff vor den achsseln siner flůgel, so sie erhȏhet sint, recht als ob er einen hoffer habe, nit wol gesehen mag. Vnd ist doch der kopff nach lydmäß starck vnd lang, vnd die bein hant schuppen Als die slangen, vnd die clauwen sint knorrecht jn den gleichen der zehen jnnwendig des fůßes. Die augen sint brynnent rote. Vnd der kopff ist oben eben vnd hinden slecht vnd nit erhohet vnd glich dem hals. Vnd die farbe des gantzen libes ist als an dem bilgrin falcken. Dieser falck ist // ouch nit groß vnd sin grȏsse v̇ber triefft nit vil die grȏsse des 11r sperbers. Aber an der sterck vnd an kůnheit vnd strenge des fluges jn der beisse so ist er groß, wan*n* er vahet wilde gense vnd reyger vnd krench. Vnd er ist an dem fluge vast snel vnd gät uff also hoch, das jne des menschen augen nit mee gesehen mȏgen. Vnd jne benůget nit, das er stoßet vnd letzt ein fogel an der beiß,

---

10 die da fehlt C; sint die die da E; Überschrift fehlt H.

12 dye da hayssen H.

13 vnd die vrsach DE.

15 so er sie E.

19 eben hinden B.

21 Der statt Dieser B.

22 ouch fehlt B.

1 auch nit vil D; nicht fast gros G. 11r

2 an sterckh vnnd (an F) gehertzickheit (an geschray H) BFGH; an stercke E; vnd kůnhayt CE; an der künhait D.

3 gense Reyger EH.

4 Vnd ist EH; gät fehlt E.

5 also hoch fehlt B; hoch auf statt uff also hoch G.

6 Benuegt in nit statt Vnd jne benůget nit H; letz vnd stoß B; er letzt den vogel D.

Besonder er stosset vnd wondet als vil Als er mag. Vnd dar vmb in dem herbscht, So sucht er vil gesellen, Wan*n* er klein ist, vnd die fogel, die er beisset, Sint groß, das sie jme helffen zů der beiße. Vnd schribet der groß Alberchtus, das jme der obgeschriben einsidel sagt, das vff ein male dry dieser falcken worden geworffen an wilde gense. Vnd sie gie*n*gen Als hoch uff, das man sie fůrbas nit gesehen möcht. Aber balde dar nach da fielen ůber zwenczig gense her abe, die alle von den dryen obgeschriben gestossen vnd gewont waren, Als ob man sie mit einem messer verwont hett. Vnd das was dar vmb, das ir art jst, das sie nit glich in dem Abstigen slahent, Als ander falcken thůnd, Sonder an dem Abstigen gant sie ein wenig wider uff, vnd als dan*n* So wonden sie die fogel mit dem hindern Cläwen, den sie an die brust gezogen hond. Vnd thund das dick mit solicher vngestŏmickeit, das der hinder cläwe dar durch bricht, vnd das sie auch der
11v gehen // des stosses halb dick an der brust vast geletzt werden vnd
1462^{5-14} vnder wilen da von sterbent. || Die hoferfalcken sint gewonlich

---

7 besunder stosst H; vil er H.

8 an statt in BH; So fehlt BEFGH.

9 die sind C.

10 Obgeschribner statt der obgeschriben H.

11 vff fehlt B; zcyt statt male E.

12 drey geworffen H; ain willd ganns H.

13 nicht mehr G; da fehlt BCH.

14 herab vber zweintzickh gens BEFGH; obgeschriben dreien falcken B; drien obgeschriben valcken FG; falcken statt obgeschriben E; bestimbten falckhen statt dryen obgeschriben H.

16 Vnd das fehlt H; ir statt das ir H.

17 thůnd fehlt C; Sonder fehlt H.

18 wider fehlt G; also statt (vnd H) als dan*n* (So H) GH; sie wunden statt So wonden sie B.

19 mit den hindern clauwen die fogele E.

21 dauon dorch bricht dassie E; vnd sy D; sie fehlt FG.

22 vast fehlt B; werden statt werden vnd H.

licht zů bereyten vnd zam zu machen vnd sint gutter geberde vnd nistent auch hoch jn dem gebirg, dar zu man wol kum*m*en mag. Vnd man vahet sie ouch mit einem Ritenden netze vnd mit dem fogel, der da swemer oder mů̊ser heisset. Der sol an einer snur vor dem netze vff ein ende gebunden sin. Vnd vff das ander ende sol gebunden sin ein gestalt eins fogels, von wollen gemacht, das sie wenen, wan*n* man die snur zuhet, da der swemer oder der mů̊ser an gebunden ist, das er den fogel beissen welle. Vnd dar durch so vnderstand sie sich fürbaß, den selben vogel zů beyssen, da mit sie dan*n* jn das necz fallent, Als man auch die bilgrin falcken jn der vnd in ander wise fahet. | Der hofer falck wil auch 1464[17–18]
geesset werden gar von frische*m* fleisch, das da noch warm ist, Als das ytz von dem fogel Oder tier genom*m*en ist. Vnd mag man das nit gehon, So sol man jme doch geben clein fogel, die nit fast alt sind. Vnd die sol man vor uß einem kalten wasser weschen, das der gesmack vnd die elte da von geweschen werde. Wan*n* er hät gar einen zarten magen vnd wirfft gern wider, wan*n* man jne esset mit grobem vnd alten fleische. Der hoferfalck wil ouch

---

2 machen sind H; gepärd nysten H. 11 v
3 nit woll BEFGH.
4 vahent A; aine*m* vogel H.
5 da fehlt B.
6 von 11 v[6] Vnd vff bis 11 v[7] gebunden sin fehlt BG (nicht F); aufgepunden sein jn statt 11 v[6] vff bis 11 v[7] ein.
8 oder muser BCEFG.
9 woll den vogel beyssen BEFGH; darumb statt dar durch so H.
10 so fehlt B.
12 jnn ein*er* andern E; vnd ander H; Der fehlt H.
13 werden fehlt C; sein statt werden H; Das noch E; vnd statt Das da H.
14 necz statt ytz FG; fogel vnd tyer E; ist fehlt CH.
15 doch fehlt D.
16 groß statt alt H; einem fehlt B.
19 beyst statt esset B; mit grobem alte*n* C; mit altem BEFG.

12r morgens vn*d* abendes lange // von dem felckner getragen sin, vnd er gewonet balde der hand des felckners. |

Die falcken von der sechsten edeln zucht, die da heissent Swartzfalcken.

1464[32–41] | DJe falcken von der sechsten edeln zucht heissent swartz falcken.
Vnd der swartz falck jst ein wenig kůrtzer dan*n* der pilgrin falck,
Aber sust an gestalt jst er jm glich, vß geno*m*men das er vff dem
tach vnd vßwendig vff denn flůgeln vnd vff den*n* swantz dunckel
swartz ist. Vnd an der brust vnd sust ist er dunckel feech vnd
vornen an der angesicht sint die tropffen vnd die falcken meler
vast swartz, vmbgeben mit einer tunckeln bleich. Die fůß, die
Clawen vnd den snabel hat er als der pilgrin falck. Vn*d* dieser
swartzer falck glichet sich fast an gestalt dem swartzen můser, den*n*
etlich bůcher heissent, der da ist der zucht der falcken, die gantz
1465[1–9] vnedel sint, von den her nach geschriben steet. || Der swartzen
falcken, Als der groß Alberchtus schribet, Seint zů keissers
friderichs zytten dan*n*ocht nit vil jn tůtschen landen gewessen,
wan*n* sie zů dem ersten gen syt mers jn den heissen landen gesehen

---

[20] abents vnd morgens BH; des morgens vnd des aubents D; lange von dem felckner morgens vnd abindes E.

12r [1] des falckners hanndt H.

[2] die da fehlt C.

[4] Von 12r[4] DJe falcken bis 12r[5] swartz falck fehlt H.

[5] etwaß statt ein wenig BEFGH.

[6] an der gestalt BEFG; das auf statt das er vff H; dem fehlt FG.

[7] auswendig das auf H; ist dunckel swarcz E.

[9] gesicht BC.

[10] dunckeln bleichen farbe E; dye füess, clowen, schnabel hat er H.

[11] dye pilgrem falcken H; diser statt Vn*d* dieser H.

[12] an der gestalt BDEFG.

[16] zytten fehlt B

[17] ge*n*sitt mers B, gesyt meres C, gen Syt Mers D, jenesyt mers E, gensit meres F, genseit mehrs G, Besten yenhalbs mörs H.

sint, da von sie auch die swertz habent. Vnd sint fůrbas von einem lande jn das ander geflogen, biß sie her gen tůtschen landen auch ge-//flogen vn*d* ku*m*men sint. | Aber es ist wônlich, wa man sie 12v
jn diessen landen findet, das sie der kelte halb nit als swartz sint, Als in den heissen landen. Vnd besunder jn dem alter nydert sich die swertze an jne zů allen landen. Vnd als dieser falck dem pilgrin falcken enlich ist, Also ist er jm auch glich an der gehertzikeit vnd jn Allen andren dingen vnd flůget auch als der pilgrin falck, Nach dem vnd er von den alten vßgestossen wirt, jn pilgrins wise von einem lande jn das Ander.

Die falcken von der siebenden edeln zucht heissent wiße falcken.

| DJe falcken von der sibenden edeln zucht heyssent wiße falcken 1465[30]–1466[3]
vnd ko*m*ment gewonlich vß den kalten landen, dar vmb sie auch wisse syent, Als vß Norwegen, Sweden vn*d* der marck. Vn*d* an der feeche jst der wiß falck ein wenig dunckel wisse, recht Als

---

[18] vnd da von C; swencze statt swertz FG.

[19] ander lant E; bißhere dassie jnn E; her fehlt H.

[20] geflogen vn*d* fehlt BEFGH.

[1] findet jn disen landen C; so statt als B. 12v

[2] Vnd fehlt H; jnn statt in den E; mindert BCEFGH.

[3] jn statt zů BEFGH; darumb statt Vnd als H.

[4] gleich D, also endelich FG statt enlich; jn statt an C; kuneheit statt gehertzikeit E.

[5] an statt jn BEFG; an allen dingen statt vnd jn Allen andren dingen H.

[7] pilgris A; ander landt E.

[8] siebende A; sint die, die da heisßent E; die haissent D; die da heyssend FG.

[10] sibende A; die do heissen B; die ganze Zeile fehlt H.

[12] wiser FG; wisse fehlt H; vndenmarckt E, deny margk FG, Dennmargk H.

[13] Sehe statt feeche B; daß wyß statt der wiß C; ettwas statt ein wenig BEFGH; weys tunckhel H.

der swartze falck, von dem vorgeschriben ist, An den selben enden ist dunckel swartz. Er ist vff dem tach vnd vff den flůgeln dunckel wiße vnd an andren enden hät er vast wiße meler, die dunckel wiß sint. Er ist gro̊sser dan*n* der pilgrin falck vn*d* glicht sich fast dem wissen můser, den etlich laner heissent, das etlich felckner meynten, er wer gezücht von der vermischung des pilgrin
13r falcken mit der můserin. aber sin // kůnheit vn*d* manheit an der beysse bewiset, das es nit war ist. Wan*n* er ist gehertz alß der edel falck sol sin, vnd dryt in keiner eygenschafft von der nature der rechten edeln falcken. Er entheltet sich auch an der beyse nit mit zerspreitten flůgeln als der můser tůt. Besonder zů stond in dem abstigen slecht vn*d* stoßt er glich ander falcken. Vnd die fůße vn*d* die clawen dar an vnd der snabel bewisent, das er ein rechter falck ist, wie wol das ist, das sein bein knorrechter vn*d* grober sint dan*n* des swartzen falcken. Vnd das kompt von gröser fůchtikeit siner nature. Vn*d* ob er nit also snel ist in dem flug Als der swartz falck, wan*n* er ist nit Als hitziger natur, So flůget er doch lenger jn die ha*r*re, dan*n* der swartz falck tůt. |

---

[15] flůgel A; ist er DH.

[16] biß statt dunckel wiße B; vast fehlt B; vnd dye statt die H.

[17] vnd statt Er H; vnd als fast gleicht er sich dem B; von 12v[17] vn*d* glicht bis 12v[20] falcken fehlt G.

[18] als faste EF.

[20] můserin fehlt FG; gehertzickheit statt kůnheit BFGH; manlichheit BEFGH; A hat überschüssiges der hinter an der.

13r [1] wyse statt beysse C; kune statt gehertz D; gehörtzt ist statt ist gehertz H.

[2] sin sal E.

[3] rechten fehlt D; jn statt an B; nit an der payss H; weis statt beyse B.

[4] jnn dem abegane statt zů stond in dem abstigen E.

[5] abgan statt abstigen FGH; Vnd fehlt H; clawen vnd die fusße C; füess, schnabel vnd dye clow H.

[6] die fehlt BFG; vnd der fehlt B.

[7] sind vnd gröber H; grosser statt grober B.

[8] sint fehlt H; vß statt von C.

[9] an statt in FG. [10] jtziger G. [11] tůt fehlt D.

Die falcken von der Achten edeln zucht heissent Rot falcken.

DJe falcken von der Achten edeln zucht heissent Rot falcken. 1466[32]–1467[20] Nit das sie v̇ber all Rot sint, wan*n* sie hond kein Rο̊te vff dem tach vn*d* uff den flůgeln vßwendig, Sie zurspreiten sich dan*n* mit den flugeln, so schinent sie ein wenig dunckel far rot, Sonder sie heissent dar vmb rot, das die falcken meler ein wenig rot an jne sint, die an den andern falcken wiß oder swartz sint. Der Rot falck ist ein wenig kleiner dan*n* der pilgrin falck vnd hät starck fůß, clawen vnd snabel vn*d* ist starck, snel vnd auch behende an dem flůge. // Aber er mag in die har nit lang fliegen. Er ist lůcht 13v zů bereiten vn*d* zame zů machen, Aber lebet nit als lang Als ander falcken. Vnd dar vmb můß man jne mit gar gůttem frischem fleische essen, das da noch warm ist. Man sol jne nit mee dan*n* des morgens vnd des Abendes essen. Man sol jne ouch nit über Arbeiten an der beiße, wan*n* er balde můd wirt. So brechent auch

---

12 die do heissent BFGH; sint die die da heissent E; Überschrift fehlt H.

14 dye da hayssent H.

15 hond kein Rο̊te fehlt BEFGH; dan*n* sye C.

16 vßwendig kein rο̊tte haben BFGH; vßwendig beyne roit sint. Wann sie vff dem dache vnd vff den flugeln beyne roit hant. sie E; dann fehlt E.

17 ettwaß statt sie ein wenig BEFGH; far rot sint AD; rot far sind C; dunckel roit sin E; vare rot syn GFH.

18 erstes rot fehlt EFG; das sye kalten mäler C; ettwaß statt ein wenig BEFGH; an jne fehlt G.

19 den fehlt BFG; etwas weis G.

20 ettwaß statt ein wenig BEFGH.

21 fůß fehlt E; auch fehlt EH.

22 langen statt lang fliegen E.

1 vnd statt Aber C; zů machen fehlt H. 13v

2 frischem fehlt FG.

3 da fehlt G.

die Roten federn an jm Siner fůchten natur halb, So er lang flůget, ee dan*n* an einem andern falcken, das da auch schedlich ist. Es ist nit war, das diser falck ein basthart sy vnder den edeln falcken vnd sy gezůchtet von den Roten můser vn*d* von einem rechten falcken, Als etlich felckner gemeint haben, vnd sint durch die Rot farb, die dieser falck hat, dar zů beweget worden. Aber die selbe Rot farbe kompt, Als die Rechten meister sprechent, nit Anders den von den mittelmessigen hitz diese*r* falcken, die da die fůchtikeit, dar uß die federn wachsent, ein wenig enzůnden, da von die rot farb an den federn ko*m*met oder wirt. Vnd syder sie nů von hitzekeit kompt, so ist sie edel vn*d* dem falcken zů geeygent. Vnd tätet nit die gebůristkeit vnd den vnAdel, Als die grůn vnd blae Vn*d* Ander mittelfarb, die von kelten ko*m*ment, tund, die man findet an den vnedeln fogeln. |

Die falcken von der nůnden edeln zucht heissent bläfůße.

1467[34]–1468[16] 14r | DJe falcken vor der nůnden edeln zucht heis-//sent bläfůße. Vnd der blawfůß ist ein wenig bùrrischer an siner natur vnd nit

---

6 sucht statt fůchten H.

7 da fehlt E; von das da bis falcken 13v[6] fehlt H.

9 sein gezucht statt sy gezůchtet BH.

12 farbe fehlt H.

14 ettwaß statt ein wenig BEFGH.

15 die statt den B; oder wirt. Vnd syder sie nů von hitzekeit kompt fehlt B; oder wirt fehlt H.

16 dem edeln falckhen BFG.

17 bedeut B, dùttet C, tötet D, betudit E, bedutet F, bedeutet G, bedewtt H statt tätet.

19 müge*n* statt tund C; falcken statt fogeln D.

20 den statt der A; die da heyssen BEFG; sind haissent D; Überschrift fehlt H.

14r 1 den statt der A; ettwaß statt ein wenig BFGH; nit fehlt B.

als edel als die vorgeschriben edeln falcken, vn*d* er hät die groͤße vnd die gestalt eins pilgrin falcken. Sein tach vnd vsserteil der fluͤgel ist nit als swartz als an dem pilgrin falcken vnd sin fluͤgel sint auch nit als lang, doch der swantz ist lenger dan*n* an dem pilgrin falcken. Vnd er ist an der brust wisser vnd sin geschrei ist heller. Aber er ist nit als manlich vnd gehertz als der pilgrin falck, wan*n* er begert nit fast der grossen fogel an der beyße, er sy den sunderlich von dem felckner dar zů bereit. Vn*d* dar vmb uahet er gewonlich die aglestern, die hehern vnd die Crewen. Aber der pilgrin falck beißet die fogel, wie groß die sint. Vnd des blawfůß art ist, das er an der beiße vor trackheit die fluͤgel zespreyttet vn*d* sich in dem lufft entheltet vnd nit als snelliglich vn*d* gestum*m*lich den fogel slecht, Als ander edeln falcken thund. Doch wen*n* der felckner ym an der beiße hilfft vn*d* jne besunder mit fleyß dar zů bereyt vn*d* gewenet, so entpfachet er ein kuͤnheit vnd beisset auch die grossen fogel. Aber die selbe kuͤnheit ist da*n*nocht nit als groß

---

[2] Von Sein tach bis 14r[3] pilgrin falcken fehlt E.

[3] alß der statt eins C; aber sein tach vnd das BFGH; seiner fluͤgel statt der fluͤgel H.

[4] von vnd sin fluͤgel bis 14r[7] pilgrin falcken fehlt G.

[5] also lang, doch ist sin dache vnd vßerteile der flugel ist nit also swarcze als an dem pilgerm falcken. vnd er ist an der bruste wysser vnd sin flugel sint auch nit also lang, doch E.

[6] ist auch heller BFGH.

[7] er ist fehlt H; kune statt gehertz E.

[8] nit an der beyssen der vast grossen fögel BFGH.

[9] da von statt dar vmb C.

[10] gemeinlich G.

[11] dj grob seindt statt wie groß die sint B.

[13] vngestimickhlich statt gestum*m*lich BEFGH.

[14] von den fogel bis Doch fehlt C; für wen*n* steht deme C.

[16] gehertzickheit BFH, hertz G statt kuͤnheit.

[17] mit siner künhayt statt Aber die selbe kuͤnheit ist C; gehertzickeit statt kuͤnheit BFGH; da*n*nocht fehlt DH.

als an den andern edeln falcken. Vnd dar vmb so geschicht mit dissem falcken, sprechent die meister, wan*n* yme der felckner also hilfft vnd jne dar zů gewent vnd bereyt, Als mit einem Ritter, der
14v von nature nit faste starck ist vnd doch von kunsten vnd // gewonheit der Ritterlichen wercke, die er dick vnd vil volbracht hät, vnd durch hoffnu*n*ge der hilff siner mitRitter vnd gesellen dick fuͤrtrefliche Ritterliche werck volbringet. | Wie Aber der felckner jne vnd ouch ander vnedel falcken dar zů wenen vnd kůne machen suͤl, wirt man hie nach geschriben finden.

Die falcken von der zehende*n* edeln zucht heyssent Smirlin.

1468[20]–1469[7] | DJe falcken von der zehenden edel zucht die heissent Smirlin. Vnd ob dieser falck wol klein ist an lydmäß, so hät er doch kůnheit der obgeschriben edeln falcken, Besonder wan*n* man jne dar zů wenet vnd bereytett. Vnd dar vmb ob er von natur facht vn*d* beißt die lerchen vnd die kleinen vogel vnd uff das meist das rephůn vnd die tuben, So schribet doch meister wilhelm, der da was ein felckner konig Rodigers von Cecilien, das er jne etwan*n*

---

[18] geschicht fehlt B.
[19] edeln falcken H.
[20] yn nyt darzu FG; bereit vnd gewenet statt gewent E; von statt mit B.
[21] nit fehlt C.
14v [1] vnd vil fehlt BEFGH.
[2] doch statt durch FG; der hilff fehlt H.
[3] ein fürtreffenlich BEFGH.
[4] gehertzt statt kuͤne BFGH.
[6] an der B; die do heissen BEFG; die haissent D; Überschrift fehlt H.
[8] die do heyssen B; die heissent fehlt H.
[9] wol fehlt H; doch fehlt B; gehertzickeit statt kuͤnheit BFGH.
[10] edeln fehlt H.
[11] so statt ob C.
[13] rephünr statt das rephůn C.

dar zů gewent vnd jm hilff dar zů geton habe, das er da mit gefangen habe den kranch. Dieser falck hät an der angesicht das gemelde vnd die tropffen, die ander falcken habent, Aber die flůgel nach syner lydmaß sint fast lang vn*d* lenger dan*n* an andern falcken. Vn*d* die fůße vnd bein seint eben, nit knorrecht, vnd sint gelfar. Vnd der swantz ist nit zů lang. Vn*d* sin gröse ist wol als die gröse der sprintzen. Vnd die wile diser falck wilde ist, so facht er distelfincken // vnd ander clein fogel, wan*n* er ist an dem flůg 15r vast snell vnd auch kůne zů slahen die vogel, die er beisset, Als ander edel falcken. |

Das vierde Capitel, das da saget von den vnedeln falcken wie manigerley sie von zuchten sint.

| DJe vnedeln falcken, von den die obgeschriben meister Aquila, 1469[11–17] Sy*m*machus vnd Theodocion vnd sust ander naturlich meister geschriben haben, Sint von dryerley zucht, die scheinberlich ein vnderscheid haben an drierley farben, die an jne sind. Dan*n* etlich sint wiß, etlich sint swartz vnd die beide habent die grôße eins falcken, vnd etlich sind Rot vnd clein, Als das smirlin ist. Vnd sie all uahent můße. Dar vmb sie ouch můser von Etlichen genant sint. |
|Vnd die wile sie jung sint, So sint sie verzagt vn*d* fürchtent sich. 1469[18–27] Wan*n* sie aber sich zwey oder trymale gemůset haben vnd die natůrlich forcht jne durch des felckeners kunst vnd bereytung Als durch

---

[14] von Cecilien fehlt H; etwan*n* fehlt C; der statt das er E.
[15] gethan statt gefangen E.
[16] an dem (an – E) gesicht BE; ander gesicht FG; die statt an der C.
[17] vogel statt falcken B.
[18] an fehlt H.
[19] oben BH; eben vnd nit CE.
[20] als fehlt H.
[22] vnd ander clein fogel fehlt BEFGH.
[1] auch fehlt B; gehertzt statt kůne BFGH. 15r

ein ertznie beno*mm*en ist, So fahen sie tuben vnd antfogel. Vnd
die kunst des felckners, da durch er sie vn*d* gemeinlich all ge-
bůrsche verzagt falcken zů der beyße der großen fogel kůne machen
vnd bereyten sol, ist, das er des ersten jares, als er jre einen dar zů
bereyten vnd zame machen wil, jn zů dem ersten sol essen mit
cleinen lebendige*n* fogeln. Vnd als der vnedel falck den lebendige*n*
fogel, den jm der felckner also hät fůrgeben, ein wenig berůfft hät,
15v so sol der felckner den sel-//ben vogel jm wider nieman vnd jne
laußen vor dem falcken loffen vnd hůpffen. Da mit macht er,
das der falck des fogels begirig wirt vnd sich nach swinget. Vnd
wen*n* er das dick gethon hat, so sol er zů letsten den fogel laußen
fliegen vn*d* den falcken dar an werffen. Vn*d* dar nach, so er jne her
flogen hät, sol er jme helffen vnd mit geschrey dar zů Reißen, das
er jne behalt. So wirt der falck dar durch gehertz vnd manlich,
den fogel also fürbas zů beissen. Vnd als er jne also in dem
ersten jare bereyt hät mit den kleinen fögeln, Also sol er jne jn
dem andern jare bereyten mit grössern vnd jn dem trytten jar mit
noch grössern vogeln. Jn aller maße, als er jne in dem Ersten jare
mit den kleinen vogeln bereyt hat, so wirt der vnedel falck zů
dem letsten da von gůt vnd gehertz zů beissen die grossen fogel
vnd alles, das die edeln falcken beissent. |

Das fůnfft Capitel, das da sagt von den zuchten der vermischsten vnd mitteln falcken, die da gezuchtet sint beid uß den edeln vnd vnedeln falcken.

1470[4–87] | WJe wol es an jm selbs war mag sin, das ein ytlich zucht der
obgeschriben acht zuchten von den zehen der rechten edeln
falcken, jn sunderheit mit den vorgeschriben vnedeln falcken sich
vermischen mag, dar durch man finden mag vil zuchten der
vermischten vnd mittel falcken, die da nit gantz edel, nach gantz
16r vnedel sint, ye doch die man gewon-//lich findet hie zů lande,

---

15r [19] jn fehlt A; sol man A.   15v [7] jne jm A.

Sint in viererley wiße. Vnd die erst kompt gewonlich von der vermischunge des pilgrin falcken mit dem bläfuß, vn*d* die andern dry ko*m*ment von der vermischunge des pilgrin falcken mit der dryerley zuchten der vnedeln falcken Einer. Zů dem ersten, als ytz gesagt ist, so vermist sich der pilgrin falck, der da fast edel ist, gar gern mit dem plafůß, der da ein wenig vnedel ist. Vnd wan*n* das ist, so ist der mittel falck, der da von kompt, nit fast vnedel vnd fogelt vast nach der Art vnd dem adel des pilgrin falcken. Vnd folget allein dem pläfůsß nach, das sin fůß auch bla sint. Vn*d* dar uß ist zů mercken, das nit alle falcken, die da blaw fuͤß hond, recht blawfůße sint, wan*n* als ytz gesagt ist, dieser mitel falck, gezuchtet von dem pilgrin falcken vnd dem bläfuͤsß, hät plaw fůß vnd ist doch nit ein rechter blafůß. Vnd als sich nun der pilgrin falck vermischt mit dem pläfuͤß, als ytz gesagt ist, Also geschicht es auch als vorgeschriben ist, das er sich auch vermischet mit den dryerley zuchten der vnedeln falcken, die da muͤser heissent. Vn*d* wan*n* das geschicht, so ist der mittelfalck, der da von kumet, edeler dan der muͤser, die zuchterin, vnd vnedeler dan*n* der pilgrin falck, der zuchter. Doch folget er mee dem adel nach vnd der art des pilgrin falcken dan*n* des muͤsern. Vnd der pilgrin falck vermist sich dar vmb mit dem pläfusß oder mit den dryerley zuchten der můser, Wan*n* sin Art // Jst, das er allein fluget von einem lande 16v
in das ander. Vnd dar vmb so er in dem lande, da er ist, sins glichen siner art vnd zucht nit findet, so sucht er den fogel, der siner natur vnd art aller nest ist. Vnd also vermischet er sich mit dem plafuͤß, findt er jne, der da vnder den rechten edeln falcken mynder edel ist. Vnd fint er jne nit, so vermischet er sich mit der dryer zucht eine der vnedeln falcken, die da muͤser heissent. Als man nů durch die vermischung des pilgrin falcken mit dem plafuͤß vnd mit den dryerley zuchten der vnedlen falcken gewonlich vierley mittel falcken vindet, von den ytz gesagt ist, Also one zwiffel mag man vil mer zuchten der vermisten mittelfalcken finden, Nach dem vnd sich der edel falck sust auch vermischet mit den

hebchen, mit den Aren vnd mit den sperbern. Vnd da von kumpt auch, das man in mangerley landen so manigerley vermischter falcken findet. Doch die obgeschriben vier sint aller meist vnd
1492[21]–1493[8] findet man sie aller gemeinst. || Vnd ist hie fuͤrter zů wissen, das man hie zů lande ůber die obgeschriben falcken noch zweyerley falcken findet. Der ein ist mittelmessig zwischem pilgrin vnd dem hofer falcken vnd heisset der steinfalck. Wan*n* er nistet in dem gebirg in den felsen vnd ist glich zů halten als der pilgrin falck. Der ander ist mittel messig zwischen dem hofer falcken vnd dem
17r Smyrlin vnd etlich heissent // jne den baumfalcken, vnd ist glich zů halten Als der smyrlin falck. Auch ist hie zů wissen, das man in Britanien, in Sweden vn*d* jn lyfflande, jn Schlafen, jn Ruͤsen, jn prußen vn*d* gemeinlich in den kalten landen, die fast kalt sint, vil falcken vnd anders federßspils vil findet. Vnd sint auch groͤsser vnd manlicher dan*n* hie zů lande, wan*n* da selbs ist das meer, da manigerley gefuͤgels vff ist, da mit sie sich beissen muͤgent, mee dan*n* hie zů lande. |

Das sechst Capitel, das da saget, wie man die falcken zam machen vnd bereyten sol zů der beysse.

1471[19]–1473[8] | HJe ist zů wissen, das die zemu*n*ge vnd bereytunge der falcken geschicht vmb zweyerley sach willen. Die ein ist, das der falck dar durch der hand gewone. Die ande*r* sach ist, das er dar durch manlich, begirliche vnd kuͤne werde, die vogel zů beissen. Die erst vrsach mag de*r* felckner nit wol verbringen, er eesse den*n* den falcken vff der hand. Wan*n* dar durch so lernt der falck die hand erke*n*nen vnd gewi*n*net sie lieb vmb das aße, das er von ir nympt. Wil nůn der felckner den falcken also zů der hant wenen vnd jne da mit bereyten vnd zam machen, so sol er jne zů dem ersten — spricht Symachus der meister — vor tag huben vnd sol jne uff der
17v hand tragen, byß zů der Tertz zyt. Vnd zů der //tertz zyt sol er jne essen mit einem diech von einem hůne. Vnd wan*n* er jne also geesset hat, So sol er jne stellen vff ein graß vnd sol fůr jn setzen wasser,

das er sich dar jne bade, ob er welle. Dar nach sol er jn*n*e stellen an ein fůnster stat biß zů vesper zyt. Vnd dan*n* sol er jne wide*r* vff die hand niemen vnd jne daruff tragen biß zů nacht vmb die zyt des ersten slaffs. Vn*d* dan*n* so sol er jne stellen an ein vinster stat vnd sol ein lůter fůrre öne roch vor jme machen oder ein brin*n*ende lucern fůr jn stellen die gantz nacht byß zů metten zyt. So sol er jne dan*n* aber huben vnd mit jme etwie lang by dem fůrre sytzen. Vnd der falck, der volkum*m*en an den federn vnd gantz flück ist, der ist besser zů der hand zů wenen vnd zů bereyten dan*n* der da noch nit volkum*m*en dar an ist. Vnd ob der felckner also einen falcken hett, der noch nit folkum*m*en an den federn were vnd wer erst vß dem nest genom*m*en, so sol er jm ein nest mache*n*, alß fer*r* er mag, das da glich sy dem nest, dar jn er gelegen ist. Vnd sol jne essen von eim hůn. Vnd vnder wilen sol er jne essen mit eines bern fleisch, mag er es gehaben, wan*n* es von sunderlicher eygenschafft jm die federn macht wachsen. Wa er jne anders heltet, so mag er gar lůcht die flůgel oder die bein brechen. Vn*d* ee er also gantz von der wollen kum*m*en vnd // gantz gefüdert ist, So sol er jne nit 18r
vil mit blosser hend an griffen. So er aber ytz zytig vnd volku*m*men an den federn kom*m*en ist, so sol er jne hůben vnd uff der hand tragen vnd essen, als vorgeschriben ist. Vn*d* sol sich der felckner dar zů flyssen, das er zů den zyten, als er jne vff der hant treyt, senfticlich vnd tugentlich mit jm vmb gang vnd jne mit der hande streichel. So gewint der falck dar durch die hand lieben vn*d* wirt auch dester ee gewenet. Wil auch der felckner furter den falcken, so er jne ytze zů der hande gewenet hät, kůne vnd manlich machen vnd auch begirig zů der beisse machen, so sol er die lebendigen fogel vor dem falcken mit tȯten vn*d* trucken schryent machen. So wirt der falck durch dz geschrey der fogel, so er es hȯrt, dester begiriger zů der beiße. Der felckner sol auch — als obgeschriben ist — dem falcken dick den fogel lebendig in den fuß geben vnd machen, das der fogel jm entry*m*ne. Vnd dar nach sol er jm jne

[7] futer A.

18r

wider uahen vn*d* aber laßen entry*m*nen. Vnd zů dem letsthen sol er jme gu*n*nen, das er den fogel ůberwinde vnd ertoͤtte. Wan*n* dar durch wirt er wol bereyt vn*d* begirig zů der beiße. Vn*d* sol der felckner dar vor sin, das der fogel den falcken nit leidig noch schedige mit dem snabel ode*r* mit den clawen. Wan*n* wa das geschech, so wirt der falck dar durch verzackt. Der felckner sol auch
18v //furter dem falcken die fogel verwechseln, Also das jme enczlingen nach ein ander ye groͤser vnd ye grosser fuͤrgebe, vn*d* jne dar zů we*n*nen vnd begirig machen, Als ytz gesagt ist, vn*d* er yne dar zů vast reyssen vnd gehertz vn*d* begirig machen jn gegenwortikeit der vogel hůnde. So wirt er dar durch dester baß bereyt zů der beisse. Vnd wan*n* er jm Also zů der beisse wol bereitt ist, So sol er jne des morgens, so die sonn uff gangen ist, werffen an die fogel. Vnd findt er jne an der beisse kůn, begirig vnd eins guten willen, So sol er jn dar jnn behalten vnd sol jne Als dan*n* gnug essen von den fogeln, die er gefangen hät. Das sol der felckner also dry oder vier morgen an ein ander tun. Wer aber der falck des ersten morgens treg vnd vnwillig zů der beisse, so sol jne der felckner wider vff die hand niemen vn*d* jne des selben tages essen von einem halben teil eins diechs von eim hune vnd sol jne dar nach stellen an ein finster stat. Dar nach des andern tages sol er ein halb teil eins diechs von eim hune vnd dru gewel, die man vnder wilen macht von federn vnd vnder wilen von baum oley, legen jn ein kalt wasser vnd dar jn lassen ligen biß morgens an den drytten tag, so sol er jm dan*n* geben das halb teil des diechs vnd die drů gewel vn*d* sol jne dar nach an ein finster stat stellen byß zů vesper zyt. Vn*d* zů vesper zyt sol er jne Aber essen mit den geweln
19r vnd dar nach // an dem nechsten tag des morgens sol er mit jm beissen. Vnd findt er jne willig vnd begirig zů der beysse, so sol

---

18r [16] dem fogel A.

18v [17] Baumbwollen B, bom oly C, pamöle D, Baumwollen E, boumwol F, baumwol G, pamwoll H für baum oley. Richtig ist Baumwolle, da die lat. Vorlage bei Albertus (Stadler 1472[29]) de bombace hat.

er jne jn dem guten willen also behalten. Findt er jne Aber vnwillig, so sol er jme wider locken von der beiße vnd sol jme des selben tages nit anders geben dan*n* die drů gewel vß kaltem wasser. Vnd ist er darnach an dem nechsten tag des morgens da*m*nocht vnwillig zů der beiße, so sol er jne essen mit einem diech von einem kleinen huͤn, gelegt jn essig, vnd sol jme da mit geben drů gewel von bonwol gemacht. Vnd dar nach sol er jne stellen an ein finster stat biß zů vesper zyt. Dar nach sol er jne vff der hant tragen biß vmb die zyt des ersten slaffs in der nacht. So sol er jne dan*n* baden jn warmem wasser vnd sol jne dar nach vnder den hym*m*el in den lufft stellen, ist es, das es schoͤne ist, biß an den morgen. So sol er jne dan*n* vff der hand wermen gen dem fuͤr vnd dar nach mit jme beissen. Vnd findt er jne dan*n* aber vnwillig vnd treg zů der beiße, so ist es ein gewisses zeichen, das der falck siech ist. Vnd diese vorgeschriben stuck vnd lere heissent die felckner die megerunge oder die hungerunge des falcken. Vnd ist hie zů mercken, das etlich die gewel der falcken anders machen dan*n* vor geschriben ist. Wan*n* sie ne*m*ment fleisch, das jn starckem essig gelegen ist, vnd stossent das in gepuluerten pfeffern vnd gepuluerten mastix vnd jn gepuluert bitter oloe, das man jn // der 19v
Apotecken findet, vnd gebent das dem falcke*n*. Aber das selbe gewelle sol man keinem federspil geben, es habe dan vil kalter slimiger fluͤße an jm. |

Das sibende Capitel, das da saget, wan*n* der falck ytz zů der beiß bereit, willig vnd gesunt ist, wie man jne gesunt behalten soll.

| WJl der felckner den*n* falcken jn gesuntheit behalten, So sol er 1473a–1474a11
sich, als ferre er mag, [fleißen], das er jne eeße mit dem aße, das der falcke, da er wild was, gewonet hät, vnd sol jne besunder eeßen mit lichtem deuͤwigem fleisch der vogel oder der tier, das da noch also warm ist, Als es von dem vogel oder von dem tier genom*m*en ist. Er sol auch den falcken behalten mittelmessig zwischen der

[8] fleißen BCDEFGH. 19v

megeru*n*ge vnd der fuͤßte. Wan*n* übermegeru*n*ge nyempt dem falcken sin krafft vnd die kuͤnheit vnd macht jne schrien, das da schedlich ist an der beiße. Auch überig feißte macht jne treg vnd vnlustig zů der beiße. Vnd darvmb so sol der falck also mittelmessig veißt vnd mager sin, das er der megrin halbe dannoch krefftig vnd manlich sy, vnd der feißte halb dannoch naturlich hunger hab, dar durch er begirig sy zů der beiße. Vn*d* jn soͤlicher mittelmessigkeit behelt er jne, wan*n* er jne zů dem andern male nit eesset, er habe dan*n* das erste äße vor abegetruckt vnd von jme gesmeyst. Doch sol der felckner in diesen dingen das mittel
20r zů // behalten selber fürsichtig vnd klůg sin. Dan*n* etlich falcken beissent gerner, wan*n* sie etwas über das mittel mager sint, dan*n* weren sie über das mittel feißt. Vnd etlich tunt das wider vmbher. Aber doch die überig megerin vnd auch die über messig feißte ist alweg an dem falcken vnloblich vnd schedlich, als ytz gesagt ist. Der felckner sol auch wissen, das ein falck mit anderm aße zu eessent ist dan*n* der ander, nach dem vnd ein falck ein ander natur hat dan*n* der ander. Vnd zů dem ersten so sol er die swartzen falcken eessen mit jungen huͤnr vnd tuben vnd mit jungen geissen fleisch, wan*n* sie sin kalter vnd duͤrrer jrdischer natur. Vnd dar vmb so gehoͤrt jne soͤliche aße zů, das jne hitz vnd fuͤchtikeit gibet. Vnd die wissen falcken, die von natur wiß vnd kalt sint, sol er eessen mit buckem fleisch vnd mit wien vn*d* mit agelstern, mit sparn vnd mit krewen vnd mit anderm solichen aße, das jne da hitz vnd duͤre gibet. Vnd furter die roten falcken sol er eessen mit fleisch von huͤnre vnd fogeln, die jn dem wasser wonent. Es sol auch der felckner furter mercken, das jn einer iglicher zucht vn*d* geslecht der falcken einer edeler ist dan*n* der ander. Vnd dar vmb so sol er den*n* edeln falcken mit dem aße zertlicher halten dan*n* den vnedeln, vnd den*n* edeln falcken in einer iglicher
20v zucht sol man dar uß erken*n*en, das der kopff an jme // mittelmessig groß ist vnd oben slecht eben vnd an den*n* wangen sinwel.

---

19 v [19] halb statt hab A.

Vnd der snabel ist krume vnd dick vnd mittelmessig lang. Die Achseln sint wit vnd die federn an den fluͤgeln vnd an den diechern sint lang. Die fuͤß sint breit vnd mager. Vnd der edel falck besicht gewonlich sin fuͤß vast vnd dick. Aber der vnedel falck hät die vorgeschriben zeichen nit volku*m*menlich an jme, vnd ist er doch vnder wilen besser zů der beisse dan*n* der edel falck. Der felckner sol auch mit sonderheit dar vor sin, das der falck an den fuͤßen vnd an den Clawen nit schaden enpfach, vnd sol den falcken stellen uff stein oder uff ein mure von steinen, die nit gekelgt ist. Vnd ist nit loblich, das man jne stelt uff stangen, wan*n* die kunsst sol nachfolgen der nature. Nu stand die wilden falcken gewonlich uff den felsen. Er sol auch den falcken behuͤten, das er die federn nit zerbrech, sonderlich an den fluͤgeln vnd an dem swantz. Vnd dar vmb so ist es gůt, das er die federn bade allewege an dem tritten tag mit einem warmem wasser, vff das sie fuͤcht bliben vnd von der durre nit zurbrechen. Vnd er mag jm geben alweg an dem tritten tag ein stuͤcklin von dem bittern oloe, das man in der apoteck findet, wan*n* das selbe veget dem falcken den magen vnd das gederm vnd sterckt jme die federn. Vnd // ob es sach were, 21r das die federn zů vil fuͤchtikeit hetten, dar durch sie gern brechen, So sol man das fleisch, da mit man den falcken eesset, legen vff zwo stund in rettich safft vnd von regen würmen, die in der erden sint. Wan*n* das safft von den zwein stucken, mit dem aße gegeben, doͤrt vnd sterckt die federn vast. |

Das achte Capitel, das da sagt von den suchten der falcken vnd von den Ertznyen, die dar zů gůt seint, Als sich meister wilhalm, konig Roͤgers von Cecilien felckner, Etwan*n* bewert vnd beschriben hät.

DJe falcken lident manigerley suͤcht, die ich hie beschriben wil nach ordenu*n*ge der glider des falcken, an dem kopff an zů fahen. | Die Erste suchte des falcken ist An dem kopff. 1474[31–36]

[15] balde statt bade A.

Als jme de*r* kopff we tût.

Vnd wan*n* das ist, so tut er die augen zû vnd beweget den*n* kopff vast hin vnd her*r*. Vnd ku*m*met die gesucht gewonlich von bosen dempffen, die uß dem magen ùber sich in den kopff stigent. Man sol den falcken Also fuͤr die sucht ertznyen: Zû dem ersten sol man jne essen mit speck, durch ein tuch gesiegen oder gestrichen vnd mit pfeffer vermist. Vnd dar nach alweg an dem andern tag, die wile die sucht weret, sol man jme geben ein wenig des bittern oloe, das man jn der Apotecken findet, vermist mit fleisch von eim hun. Wan*n* dar durch wirt der mag des falcken
21v gesùbert von den obge-//nanten bosen dempffen, die jme also in dem kopff wee machent. |

Wan*n* der falck boͤse fùchtikeit in dem kopff hät.

1474^{37}–1475^{3} |Wan*n* der falck mit dem snabel vast uff gynet, Als ob im vast heiß sy, vnd slecht den snabel An die fuͤße oder den fuß an den snabel, So ist es ein zeichen, das der falck hät in dem kopff boͤße fuchtikeit, die jne beswert. Vnd wan*n* man das an dem falcken mercket, So sol man jme die naslocher mit einem silbrin griffel oder nadeln uff brennen oder sust vast gewy*n*nen, das der boͤße fluße von dem kopff gery*n*nen moge. Vn*d* wan*n* die boße fuchtikeit also heruß geflossen ist, So sol man darnach den brant mit baumoͤle oder mit smalcz bestrichen. |

Wan*n* der falck pfiffet.

1475^{3-8} |ES geschicht dick, das der falck pfiffet vnd das jm wasser durch die naslocher flußet. Vnd das betuͤtet, das jm das hirne zu vil fùcht ist. Vnd die selben ùberflussig fuchtikeit sol man jme also mit ertznie bene*m*men. Man sol nieman druͤ kerner des sames von dem krut, das man zû latin heisset stafisagria, vnd zû tuͤsch heisset es lußkrut, vnd dru pfeffer kerner. Vnd die korner sol man stossen zû puluer vnd das buluer vermischen vnd fùcht machen mit essig vnd sol jm das mit bonwol dar jn gedunckt stossen vnd tropffen in die naslôcher vnd jn den hals. Vnd dar nach sol man jne // essen mit hunr fleisch. 22r

Wan*n* dem falcken der hals geswollen ist.

| DEm falcken geswillet vnderwilen der hals vßwendig. Vnd 1475$^{9-13}$ wan*n* das geschicht, so betůt es, das dem falcken ein heisser flůß in den hals geflossen ist. Vnd dar vmb sol man jne dar fur also ertznien. Man sol jm zů dem ersten die federn an dem hals rauffen. Vnd dar nach sol man jme laussen An der auder, die da ist hinder dem oren, vff das die boße fuchtikeit mit der lesse jm vßgezogen werde vnd die federn wider wachsen mogen. Vnd nach der leße sol man jme geben zů essen einen frosch. Vnd druckt er den abe vnd verdeuwet jne, so wirt er ône zwiffel gesund. |

Wan dem falcken die gurgel vnd die kel jnnwendig verswollen ist.

| Wan aber dem falcken die gurgel vnd die kel jnwendig ver- 1475$^{14-19}$ swollen ist vnd zucht den Avdem swerlich, Als ob er hersticken wolle, so [ist] er one zwiffel snuffig vnd flussig. Vnd man sol da uôr ne*m*men pfawen blut vnd muscat nuß vnd negelin vnd ziment rinde vnd jngeber vnd mirabolones kebuli (fint man in der Apotecken vnd ist ein frucht, kompt über mer her). Vnd die stuck alle wol gepuluert sol man zů samen vermischen vnd klein sinwel kugelen dar uß machen. Vnd der selben kůgelin sol man dem falcken alle tag eins des morgens geben vmb Tertz zyt. Vnd dar nach // vmb die none zyt sol man jne eessen von einer můß. | 22v

Wan*n* der falck an den flugeln vnd an den lenden erlamet ist.

| Es geschicht dick, das der falck an den flugeln vnd hinden vmb 1475$^{20-27}$ die lenden erlampt, Als das er sich nit mit zurspreitten flugeln von vnd zů der hand geswingen mag. Vnd die leme jst als ein

---

[15] ist fehlt A. 22r

gesuͤcht vnd etlich sprechent, das sie toͤdlich sy. Vnd kompt von einer boͤße*n* fuchtikeit, die jn die flugel vnd hynden vmb die lenden in das gewerbe vnd gleich geflossen vnd sich gesetzt hät. Vnd die sol man Also mit ertznye vertriben. Man sol nieman die Rote frucht, die vff den wissen hagdorn wachsett, vnd soll die wol ze*r*knisten vnd zurstossen mit hasen hare. Vnd das alles sol man vermischen mit gesottem fleisch. Vnd mit dem selben fleisch sol man den falcken viiij tag essen. Vnd ist das er das aße behelt, so geneset er oͤne zwiffel. |

Wan*n* der falck von vergifftigen boͤßen flussen sieche ist.

1475[27–37] | ES ist auch ein ander sucht, die kompt von einem vergiftigem fluße, der durch den gantzen lib des falcken flůsset vnd sich zerspreitet. Vnd wan*n* das gesucht den falcken an stoßt, so falwet jm der snabel vornen vnd auch die fůß heben an, wiß zů werden. Vnd das selbe gesucht sol man jm Also bene*m*men. Man sol nieman
23r ein berg slangen, // die da kurtz vnd oben plaw swartz vnd an dem buch wiß ist. Vnd dem sol man den kopff oben vnd vnden den swantz ein über zwerch hant breyt ab huwen vnd an dem buch vff snyden vnd die gallen vnd das jngeweid her vß we*r*ffen. Vnd dar nach sol man das überig teil syden jn einem nůwen haffen. Vnd die veiste, die da oben jn dem haffen swy*m*met, sol man her abe tůn mit eim loͤffel vnd sie mit pfawen fleisch vermischen vnd den*n* falcken acht tag da mit eessen. Vn*d* dar nach sol man ne*m*men ein kleins spin suͤlin vnd sol das bruͤwen mit warmem wasser. Vnd das vorderteil an der brust, mit der cleinen muß vermischet, Sol man dem falcken zů essen geben. Vnd ist es, das der falck das selb aße wol abdruckt vnd abdoͤwet, So wirt er one zwiffel gesund. |

Wan*n* der falck zů reche worden ist.

1476[18]–1477[7] | ES geschicht auch, das der falck vnder wilen zů recht wirt Als das pfert. Vnd wan*n* das geschicht, So mag er nit essen vnd sint

jme die Augen groß, Als ob sie jme zerswollen sint. Vnd dar vor sol man machen ein laugen uß rebeschen vnd sol man die laugen drů male durch syhen. Vnd von der selben laugen sol man dem falcken den hals vnd den slund füllen vnd also laß[en], byß man an dem gesmeyß gemercken mag, das er das aße abegedruckt vnd verdeůwet hat. Vnd dar nach sol man jne essen von einer eydeßen. Oder man mag dem falcken warmen win, mit pfeffer dar vnder gemischet, in den // halß giessen vnd dar jnn behalten, biß er das 23v
aße wol abgedruckt von jm smeyßt.

Wan*n* der falck das fleisch vnd das aße wider wirfft.

| Es geschicht fübaß dick, das der falck dz fleisch mit dem snabel 1476$^{16-24}$
zur reißet vnd es yßet. Vnd nit lang dar nach wirfft er es wider von jm. Vnd wan*n* das geschicht, so hät er ône zwiffel in dem kropff vnd in dem magen vnd in den dermen herten slyme, recht als ein stein ist. Vnd dar fůr sol man gepuluert negelin werffen vff sparwen fleisch vnd sol jne ye einen tag da mit essen vnd an dem andern tag ein gewel geben, biß er gesund wirt. Vnd wen*n* er jn langem nit gesmeißt hät, So ist es ein zeichen der vor geschriben sucht, vnd sol man jne eessen try tag nach einander von eins swins hertze, dar jnn swinen borst klein gehackt vermischt sint. So wirt er gesund. |

Wan*n* der falck wůrme jn jm hatt.

| WEr es, das der falck wůrme jn jme hett vnd die von jme mit 1476$^{25-28}$
dem gesmeyß gienge*n*, so sol man suber gelutert fylen von eim stachel oder felen segen vnd we*r*ffen vff sweinen fleisch vnd dar mit sol man den*n* falcken essen iii tag, so wirt er gesunt. |

Wan*n* der falck siech ist in den fůßen von gesaltzen flussen.

| ES geschicht auch fůrbas, das der falck den fůß vff zucht vnd 1475$^{38-40}$
den snabel daran strichet. // Das ist ein zeichen, das ein gesalczner 24r
fluß ytz in den fůß des falcken geflossen ist. Vnd den zů vertriben

ist gut, das man dem falcken laße an der ander ader, die da ist zwischen dem bein vnden vn*d* dem dieche oben, wan*n* er wirt dauon gesunt. |

Wan*n* dem falcken die bein geswollen sint.

1477^{8-15} | WAn*n* dem falcken die bein geswollen sint, das ist ein zaichen, das er das gesuͤcht dar jnn hat. Vnd dar wider sol man nem*m*en smalcz vnd baumoͤle vnd des bittern oloe, das man in der apoteck findt, yglichs ein lott, vnd sol die stuck zů samen mischen vnd ein salbe dar uß machen. Damit sol man jme die fuͤß salben byß an den tritten tag. Vnd dar nach sol man jne stellen an die sonnen vnd sol jne essen von einer katzen, so wirt er gesunt. Oder man*n* sol einen dacht machen von baumwoll vnd den an zinden vnd die bein des falcken da mit beyen vnd bre*n*nen. Vnd darnach sol man jne stellen vff einen felsen, der da gesalbet ist mit altem smaltz oder smer. Vnd dar nach sol man jne essen mit muͤsen, so wirt er gesunt. |

Fuͤr die luͤße des falcken.

1476^{1-10} | ES wirt dick der falck lusig. Vnd die luͤße sol man also vertriben. Man sol ne*m*men quecksilber vnd sol das doͤten mit nuͤcht*er*n speicheln. Vn*d* dar nach sol man es vermischen mit altem swinen smalcz. Vnd da mit sol man den kopff des falcken vnd den libe salben vnd bestrichen. Man mag auch gezasset feden dar jnn
24v duncken vnd die dem falcken // vmb den kopff vnd vmb den lib binden, wan*n* die lùß sterbent da von. Man mag auch den falcken baden mit wasser, dar jnn luß kruͤt gesoten ist, das zů latin Stafisagria heißt. Vnd man sol jm dar nach vnderlegen ein wisses lilach, wan*n* da von sterbent die luße vnd fallent alle von jm vff das lilach.

Fuͤr die febres des falcken vnd das fieber.

1476^{11-15} | ISt es, das der falck vnnaturlich hitz hät, das man merckt von den fuͤßen, so die fast heiß sint, So sol man das bitter oloe ver-

24v [7] vnd vnnaturlich A.

mischen mit hůnr smalcz vnd sol es legen jn ainen starcken essig vnd jnne vnderwilen da von eessen, vnd sol jnne auch vnder wilen eessen von einen snecken. Vnd behelt er die spiß by jme, so wirt er gesunt. |

Für das kratzen des falcken.

|WAnn der falck mit den fůßen sich craůwet vnd die federn von 1477$^{16-37}$ dem swantz uß zucht, So ist es ein zeichen, das er kretzig ist. Vnd dar wide*r* sol man ne*mm*en gensmist vnd schaff mist vnd das bitter oloe, glich vil von iglichem. Vnd die stuck sol man legen iii tag in essig in einem erin geschirre an die warmen sonnen oder gen einem warmen fůer, ob man die sonnen nit gehaben mocht. Vnd da mit sol man den falcken über gantzen libe baden, vnd sol jne essen von einer tuben, mit honig vnd pfeffer vermist. Vnd dar nach sol man jne stellen an ein finster stat. Vnd also sol man jme thůn viiii tag. Vnd wan*n* man sicht, das jme gůt federn wide*r* wachsen, so sol man jne weschen mit Roßwasser, // so 25r wirt er gesund. Wer es aber, das die federn einen bößen scharpffen fluß jn jne hetten, so sol man ne*mm*en genßmist oder tuben mist vnd die obern Rinde von der wurczeln des baums, den*n* man ne*n*net elben (vnd stent gern by dem wasser). Vnd man sol die Rinden sieden in wasser Als lang, byß das wasser da von Rot wirt. Vnd in dem selben wasser sol man den mist zurtriben. Vnd da mit sol man den falcken iii tag weschen, so wirt er gesunt. |

Vor die schaben an den federn des falcken.

|WEre es, dz die schaben die federn des falcken essen, so sol 1476$^{20-41}$ ma*n* ne*mm*en Rot wachß vnd muscaten vnd die frucht, die zů latin heißet mirabolones citrini (vnd kompt über mer*r* her vnd findt man es jn der Apoteck), kompt von Arabien vnd heisset zů

---

[12] Hier haben ACD eine Auslassung. In BEFGH heißt es der lateinischen 25r Vorlage (Stadler 1476$^{29-30}$ cera rubea, muscata, mirabolani citrini, salgemmae, gummi Arabici, grana tritici) entsprechend: findt (man E) sie (es FGH) jn der

latin gumi Arabicu*m* vnd etwie vil korner von kern. Vnd die stuck alle sol man legen vff zwenczig tag in starcken essig jn ein becken. Vnd nach den xx tagen sol man den essig tûn jn ein glaß. Vnd da mit sol man den falcken alle tag weschen, biß die federn wider vahent an, gût zû werden. Vnd dar nach sol man jne weschen mit roß wasser vnd jne an die sonnen stellen nach dem weschen, so wirt er gesund. Von den obgeschriben stucken Sol man eins glich als vil als das ander An dem gewicht legen jn essich, vß geno*m*men das wachß sol mee sin dan*n* der andern stuck. Etlich sprechen, man sol zum ersten die schaben vs der
25v hůl mit einer nadel graben. Vnd darnach sol man // den falcken an der hůt weschen mit dem bittern oloe, jn essig zû triben. Vnd die weschung sol Also uff der hut bliben, biß die federn an fahent wider gût zû wachsen. So sol man die weschung mit dem o̊loe abe weschen mit roß wasser, vnd das sy ein gût ertznie. Doch so sol man dem falcken weren, das er sich mit dem snabel nit zeiße, die wile die vorgeschriben weschung mit dem oloe vff der hůt ist, wann schade dar von ko*m*men mocht. |

Für die wonden vnd verserunge der falcken.

1477[38–41] | GEschech es, das der falck verwondt würde, so sol man ne*m*men ein eyer clar vnd baum oloey vnd die stuck zû samen vermischen, sol man legen vff die wonden. Man sol die wunden wol behůten vor wasser, das keinß dar jn ko*m*me. Vnd wan*n* man das eyer clar mit dem baum oley wider von der wonden wil [nemen], so sol man die wunden weschen mit warmem win. Vnd die ertznye sol man also lang tun, biß die wund beschlossen wirt oder überschossen mit einer růfen. Vnd wer es, das der falck sich selbers růrte an der wonden, so sol

---

apptecken, vnd steinsaltz, das man (auch EH) jn der aptecken findt, vnd heist (zu latin E) Salgema, vnnd ist gleich als (eyn FG) Eyß (eysen H) vnnd ein (ein fehlt H) hartz (findt man (auch H) jn der appttecken, bringt man von arabien (Schluß der Handschrift G) vnd BFG) heist (zu latin EFH) gumj arabicum, vnnd ettwan vill korner von kern (pern H).

25 v [13] nemen BDEF.

man dar legen ein wenig von dem bitter aloe. So ruͤret es er nit mee. Were es aber, das der falck trenffenlich wund were jn die brust oder an den flugeln oder an den Rippen oder an den beinen, vnd das fleisch dar jnn nit vast frisch were, so sol man schaden von einem důch dar jn legen, biß das boͤße fleisch in der wunden verzert wirt. Vnd dar nach sol man niemen wiroch // vnd vnslyt, 26r wachß vnd hartz, eins glich als vil als des andern, vnd sol man die stuck zurlaßen vff einem fuͤer vnd zu samen ruren vnd dar nach thun jn ein haffen. Vnd wan*n* es not ist, so sol man die salben wermen vnd die wonden da mit salben, Als lang biß sie heilt. Vnd were es, das in der wunden vil fulß fleischs gewachsen were, so mag man das hyn wol etzen mit spän grün. Vnd dar nach sol man die wonden heilen mit einer wiße salbe, | findt man jn der Apoteck, gemacht vß blywiß vnd rosoͤle.

Für die visteln in der nasen des falcken.

| FLusse dem falcken eyter von der nasen, vnd smeckt das eyter 1478^{6-12} vnd mocht da mit nit essen, So were es ein zeichen, das er ein fistel in der nasen hette. Vnd sol man die mit arcznie vertriben Also. Man sol dem falcken die ader, die da geet von den naslochern zů den augen, enzwey sniden vnd sol sie dar nach an dem ende, das da ist gen der fisteln, bren*n*en mit einer gluwenden nadel. Vn*d* dar nach alle tag sol man den brant bestrichen mit butern vnd sol den falcken stellen an ein finster stat nuͤn tag. |

Wan*n* der falck ein clawen von einer zehen verlorn hat.

| GEschech es, das der falck ein clawen von einer zehen verluͤre, 1478^{13-15} So wechßt jm die clawe nit wider. Aber die zehen sol man //Also 26v heilen. Man sol zů dem ersten ein lebendige muͤß vff snyden vnd die zehe, die wile die můß noch warm ist, dar jn legen vnd binden. Vnd darnach sol man den schaden salben mit marck von eim bein oder clawen eins swins, biß er gesund vn*d* heil wirt. |

So der falck vergůfftet ist.

1478[15–21] | WAnn der felckner den falcken gebadt hät, So sol er sich huͤten, das er jne nit stell vff ein fule holcz oder stangen. Wan*n* dar durch mocht er vergifft werden. Vnd wer es, das er ytz also vergifftet wer, so sol man nieman guten triackers vnd drů pfeffer kerner vnd die zů samen vermischen vnd dem falcken geben. Vnd sol jne also behalten nuͤn tag. Vnd dar nach sol man den triackers vn*d* den pfeffer brennen in einem scherben. Vnd das puluer sol man segen uff das fleisch, da mit man den falcken eesset. So wirt er gesund. |

Wan*n* ein vergifftig tier den falcken gestossen oder gebissen hät.

1478[22–25] | WEre das ein vergifftig tier den falcken gebissen oder gewundt hett, So sol man jme die federn uff rauffen an den enden, da er gebissen ist. Vnd wer der biß clein vnd verborgen, So [sol] man jne witer machen mit einem scharsach vnd jne salben mit warmem bůttern. Dar nach sol man ein salbe machen uß wirach, harcz,
27r wachß vnd vnslyt. Vnd da mit // sol man den bisse salben, biß das er heile wirt. |

Wie man den falcken fuͤr kuͤnfftig sucht brennen sol.

1477[42]–1478[5] | WElte der felckner den falcken, die wile er noch gesund ist vnd der obgeschriben sucht kein an jm hett, brennen fuͤr kuͤnfftige sucht, So mag er jne An das nachgeschriben ende brennen, Als die wisen meistern von krichen landen etwa*m* getha*n* haben. Zů dem ersten: wil er jme die gesicht mit dem brand gut vnd gesund behalten, so sol er jne bre*n*nen vnder dem augen winckel gen der nasen zů. Wil er jnne aber bre*n*nen fuͤr kunfftig sucht des kopffs, So sol er jne bre*n*nen ober dem augen. Wil er jne abe bre*n*nen fuͤr kunfftige suchte jn den flugeln, so sol er jne bre*n*nen oben an den achselln. Vnd fuͤr das kuͤnfftig gesuͤcht an den beinen

26 v [19] ist AC, sol BDEFH

sol er j*n*ne bre*n*nen jnwendig in dem balle des fußes. Vnd diß vorgeschriben brend sol man tun in dem merczen, wan*n* man sie tun wil. |

Das nůnde, das letste Capitel disses ersten teils, das da saget von den sůchten der falcken vnd von den ertznyen, die dar wider sint, Als sich etwan*n* keyssers friderichs felckner bewert vnd beschriben hat.

| ZV dem ersten, wan*n* man dem falcken den kopff von bőser 1478[33–41] fůchtikeit subern vnd Rinigen wil, So raten die obgeschriben keiser friderich fel//ckner, das man ne*m*me hartz als ein bone, 27v vnd das sol man gen*n* dem fůr warm machen, vnd da mit sol der felckner dem falcken den*n* rachen jnwendig wol riben, biß das hartz belipt dem falcken an dem rachen kleben. Dar nach sol er ne*m*men vier korner zu dem samen des kruts, das man findet in der Apoteck vnd heisset stafisagria, das ist lůß krut. Vnd sol auch ne*m*men als vil korner von dem wissen pfeffer oder von dem swartzen, mag er den wissen nit gehon. Vnd [die] stuck sol er fast klein puluern. Vnd von dem puluer sol er legen vnd strichen jnn wendig uff das hartz, das dem falcken an dem rachen klebt. Vnd von dem puluer sol er auch dem falcken legen in die naslocher. Vnd dar nach wen*n* die sonne fast warm schint, So sol er den falcken als lang dar an stellen, biß jme der slym vnd die bőße fůchtikeit in schůmes wise flůsset von dem kopff zů den naslocher vnd zů dem mund heruß. Vnd dar nach sol er jne essen mit einem sůßen, liecht deuwigen fleisch. || Wer es aber, das zů vil 1478[43]–1479[2] fůchtikeit flůsse dem falcken in den hals, So sol man den fluß also verstellen. Man sol ne*m*men alt papier vnd schelkrut glich vil, vnd sol die stuck zů puluer brennen. Vnd das puluer sol man dem falcken geben vff warmem fleisch zů eessen. So verstat der fluße. |

[17] den falcken statt der falcken A. 27r

[22] ckner fehlt A.

Vor die flecken in den augen des falcken.

1479^{3-6} | WEr es, das der falck flecken in den augen hette, So sol man das 28r bitter oloe vnd pfeffer, // glich vil, klein gepuluert, vff den flecken legen. Vnd wer es an der zyt, das man slehen finde, so moͤcht man vff die flecken treuͤffen try tropffen von dem slehen safft, wan*n* dasselbe safft ist fast guͦt, die flecken zuͦ vertriben. |

Gein auder fluße.

1479^{7-20} | OB sein lunge ode*r* die gurgel des falcken versert wer, So sol man ne*mm*en Sparen mist vnd muͦßtreck, Eins als vil als des andern, vnd fuͤnff pfeffer korner vnd steinsalcz, das da ist als yse vnd heisset zuͦ latin sal ge*mm*a vnd findet man es in der Apoteck, Als vil als von des sparen vnd mußtrecks, vnd von der veisten scharwol, die dem schaff an dem hals stät, halb als vil. Vnd die stuck alle sol man zuͦ samen stoßen vnd vermischen mit honig vnd baumoͤloe vnd mit frauwen milch, die da einem knaben säuget. Man sol dar uß machen druͤ kuͤgelin in der groͤße Als die hassel nuͤß sint. Vnd die selben kuͤgelin sol man dem falcken jn geben. Vnd dar nach sol man jne tragen uff der hand uff zwo stund. So wirfft er die kuͤgel wider jn gewels wise. Dar nach sol man jne stellen gen dem wasser. Vn*d* trinckt er dauon, So sol man jne dar nach eessen von einer lungen vnd von dem hertzen eines suͤgenden lamps, das noch nit grase gessen hätt, vnd sol das aße vast warm sin. Dar nach sol man jne essen mit anderm fleisch. Vn*d* an dem 28v abent sol man jne essen mit sparn vnd tuben, // so wirt er gesund. |

Ein ander sucht.

1479^{22}–1480^{5} | WEr es, das die wuͦrm den falcken bissen, so sol man ne*mm*en ein duͤnnen darm von einem hune, vnd den*n* sol man fuͦllen mit guttem luterm baum oley. Vnd an beiden enden sol man den darm verbinden mit einem duͦnnen faden. Vnd den selben darm

---

27v [21] dem statt den A. 28r [10] da statt das A.

mit dem olei sol man dem falcken jn geben. Vnd ist er an dem andern tag dauon nit ledig der wurm, So sol man ne*m*men die abschaben von helffen bein vnd sparen dreck, eins als vil als des andern. Vnd die stuck gepuluert sol man dem falcken geben mit warmem fleisch. Vnd an dem drytten tag, wollent jne die wurm nit verlaßen, so sol man ne*m*men von der hůt eins rochen sligen. Vnd die sol man bre*n*nen zů puluer uff kolen. Vnd das puluer sol man vermischen mit abschaben von helffenbein vnd mit sparn dreck. Vnd die stuck gepuluert vnd also zů samen gemischet, sol man dem falcken geben mit warmem fleisch. Vnd an dem vierden tag, tůt es not, das die wůrm ye nit sterben mogent vnd wollent, So mag man jm geben fil von jsen vnd die Raden, die in dem korn wachsen, zů samen gepuluert uff warmem fleisch. |

Ein ander sucht.

| FVr die důrre vnd maßlayde des falcken Sol man ein eye hert 1480^{11-14}
sieden one roch jn geißmilch in einer subern pfannen. Vnd das eye sol man jme geben zů essen. Vnd ist es, das er dar nach // smeisset, so wirt er gesund. | 29r

Ein ander sucht.

| Für alle sucht, die dem falcken in den lenden komend, sol man 1480^{6-7}
jm geben brone*n* kreß jn eins huntz hertz zů essen.[4] |

Für die schaben in den federn des falcken.

| ISt es, das die schaben die federn des falcken nagent, so sol man 1480^{15-22}
in das loch, da die feder uß gefallen ist, giessen rechten guten balsame, wa*n* die schabe stirbet da von vnd wechßt jm da von ein gut nůwe feder. Oder man sol ne*m*men saffran von ort ein lot vnd dry lőffel vol gensmists, der frisch durch ein tuch gestrichen sy, vnd als vil essichs. Die stuck alle sol man tun in ein erin faß vnd sie dar jn als lang laßen ligen, biß sie von dem schimel

[4] huns hertz BF. 29r

des erin faß dick werden. Dar nach sol man die stat, da die federn uß gefallen sint, druͤ mäl weschen mit luterm essig. Vnd dar nach sol man sie mit den vorgeschriben stucken salben. Oder man sol egeln zů puluer bre*n*nen jn einem tigel. Vnd pfawen federn sol man legen an den rauch vͤber das fuͤer. Vnd des Ruͤses, der da von dem rauch an den federn hanget, sol man ne*m*men glich als vil als von dem egel puluer. Vnd man sol jne auch puluern. Vnd die zwey puluer sol man zů samen vermischen mit starckem essich, doch das es nit zů duͤne werde. Vnd dar nach sol ma*n* die stat, da die federn von gefallen sint, weschen mit essich vnd die dar nach mit einem stuͤcklin Specks, gedunckt in das vorgeschriben

29 v puluer // mit essig vermischet, wol bestrichen in der wochen zwey mal, als lang biß nůwe federn wachsen. Oder man sol die langen hare von eine*m* pferde klein gestossen geben dem falcken vff fleisch zů essen, wa*n* das ist auch gůt. Man mag ein kroten zů puluer brennen vnd das puluer dem falcken mit sinem aße geben. Vnd das ist auch gůt. Oder man sol ne*m*men gepuluerten bertram vnd jne temperiren mit rettig safft vnd mit essig. Vnd da mit sol man salben die stat an dem falcken, da von die federn gerert handt. |

Ein ander sucht.

1480[35–37] | HEt der falck an sinen beinen Etwas über gewechß, So sol man die mittel Rind von weckholter holcz derren vnd klein puluern. Vn*d* da mit sol man den falcken essen nuͤn tag alwegen an dem andern tag, Also das das puluer uff dz aße des falcken geworffen vnd geseget si. |

Ein ander sucht.

1480[38–43] | WEren auch dem falcken die bein geswollen, so sol man ne*m*men das bitter oloe, das man in der Apoteck findt, vnd das mit ayer

---

[15] man man sol A.

29 v [5] nem*m*e statt nem*m*en A.

[10] puluer statt puluern A.

clar temperiren. Dar nach sol man ne*m*men einen wetzstein, dar uff von dem sliffen des ysens etwie vil bliben ist. Vnd vff dem selben wetzstein sol man das bitter oloe gepuluert vnd temperiert mit eyer clar als vast vnd als lang Riben, biß das oberteil von dem sliff stein, das die krafft des ysens jn jm hat, sich mit im vermist hät. Vnd das sol man dan*n* dem falcken ůber // die geswulst an 30r
dem bein legen. Vnd an dem andern tag sol man die bein salben mit seiffen. So gat die geswulst enweg. || Man mag auch dem falcken 1481^{2-6}
geben vff seinem aße diese kruter gepuluert mit na*m*men graben vnd steinbrech vnd ysenkrut vnd wegrich. Vnd sol man von einem als vil ne*m*men als von dem andern. Wan*n* die ytz gena*n*ten krůter sint gůt fur alle gesůcht an dem falcken. |

Ein ander sucht.

| WVchse etwan*n* vnrein fleisch dem falcken an sinem lib, so sol 1481^{1-3}
man dar uff werffen kalg vnd das bitter oloe glich vil gepuluert, so fallet es hinweg. |

Vnd als vil sy gesagt von den ertznyen, die keisser friderichs felckner etwan*n* fůr die sucht der falcken versůcht vnd bewert haben. Vnd ein wiser man mag da uon ne*m*men ode*r* dar zů thun Nach dem vnd jne bedunckt, das es zů thun sy vnd als er auch erfarn hat, wan*n* der herfarung vnd die bewerunge ist an den enden zů gläubent. Vnd ist hie zů wissen, das die obgeschriben keiser friderichs felckner sprache*n* [segen], wan*n* sie des morgens den falcken vff die hand namen vnd auch wan*n* sie da mit beissen wolten vnd wan*n* sie wolten, das der Are dem falcken nit schaden solt. Aber solich segen sint von der heiligen kirchen verbotten vnd kein Cristenmensch mag one sůnde sich jr gebruchen. Vnd dar vmb habe ich sie hie vnderwegen gelaßen vnd sie nit beschriben. Vnd da mit hät ein ende das erste teil // diß buchs, das 30v
da saget von den falcken.

18 yses statt ysens A.

17 Keyser friderichs Falckner sprechend segen (sagen F), wan sie BEFH. 30r

Der ander teil diß buchs, der da saget von den hebchen vnd sperwern ist geteilt i*n* sechst Capitel, vnd wa von die sagent findt man auch nach ein ander ordenlich geschriben.

Das erste Capitel sagt die eygenschafft des habchs vnd des sperwers.

Das ander Capitel sagt, wie man den habch vn*d* den sperwer zam machen vnd zů beiß bereyten sol.

Das tryt Capitel sagt von den suchten der hepsch vnd der sperbel vnd wie man die mit erczny wenden sol, Als sie maister wilhelm, konig Rogers felckner, etwan*n* beschriben vnd bewert hät.

Das vierde Capitel sagt von den selben suchten der hebch vnd der sperber vnd von den ertznyen, die da wider sint, Als sie keiser friderichs vogeler etwan*n* bewert hät.

Das fünfft Capitel sagt von den suchten der hebch vnd der sperwer vnd von den ercznien dar wider, Als sie der groß meiste*r* vnd arczat yppocras in dem buchlin, das er da von gemacht hät, beschriben hät.

Das sechst Capitel sagt von den ercznyen, die gemeinlich den falcken, den hebchen vnd allem federspil für jr sucht gut sint, Als sie der meiste*r* Aquila, Symachus vnd Theodocion dem konig ptholomes von egypten land geschriben hant.

31r Von der eygenschafft des habchs // vnd sperbers. Das erst Capitel.

1438[1]–1439[17] | IN diesem ersten Capitel des ander teils diß buchs jst zů dem ersten zu wissen, das der habch sinen flug anders hät dan*n* der falck, wan*n* er fluget nyder vnd nit hoch von der erden. Wan*n* er den*n* fogel erflogen hät, so gat er v̈ber sich. Sin gestalt ist auch also, das er gancz feech ist. Doch in dem ersten jare so hat er ein wenig falbe vnd swarcz fech maler. Vnd dar nach so er sich muͤset, so gewint er wiße vnd swarcze fehe meler. Vnd ye dicker er sich muͤset, ye wisser vnd swerczer die fech meler werdent. Sin fuͤß sint gele vnd die Clawen dar an sint starck, doch nit als an dem Are oder Adeler. Vnd sin kopff ist sinweler da*n*n an dem Are. Sin snabel ist auch kru*m*me vn*d* kurczer nach lydmaß dan*n* an dem Are oder Adeler vnd lenger dan*n* an dem falcken. Vnd an dem Rucken oder uff dem tach hat er mee swarczer meler dan*n* wisser. Sin flugel sint auch nach lidmaß spicziger dan*n* an dem adler oder an den andern Aren, vnd sin lib ist sinwel. Fu̍rbas des habchs Arte ist, das er allein fluget one zů den zyten, so er Astet vnd junge hät. Vnd er leget drů oder vier vnd uff das meist fuͤnff ayer. Er ist dem Sperwer vast glich, wan*n* das er groͤsser ist dan*n* der Sperwer vnd kleiner dan*n* der Are. Doch ist er grosser dan*n* der Are, der da fisch vacht. Die wile der habch wilde ist, so facht er gern den Antfogel vnd die hemschen hunr. Vnd zů stund als er die // fogel 31v gefangen hat, So yßt er vnd zvrrisset sie. Er facht auch die rewen vnd vnder wilen hasen. Vnd wen*n* er den*n* hasen gefacht, so stat er mit dem lincken fůß vff die erde vnd mit dem rechten hebt er den haßen. Vnd als bald er mag, so erblent er den*n* haßen vnd yßet sin augen vnd ertoͤtet jne darnach. Aber der zam bereyt habch facht die großen fogel Als den kranch vnd den reigel vnd die wilden gense vnd ander solich groß fogel. Wan*n* er niempt die kuͤnheit von den beyssern vnd von den fogel hunden. Vnd one swere facht er den grossen antfogel vnd den tucher. Vn*d* der facht er vil one Arbeit. Wan*n* der habch siech ist, so struͤbt er die federn vnd die fluͤgel, als ob jn frieß, vnd lat die fluͤgeln hangen vnd schryt dick. Vnd sin sucht merckt man vß dem, das er dz aße vnabgedruckt wider wirfft. Vnd das tut er dick. Vnd dar uß merckt man wol, das er einen boͤßen magen hät, der zu vol ist. Vnd als

dan*n* gesicht er übel vnd fluget swerlich vnd treglich vnd begert deß aßes nit. Besonder er gert slaffes. Vnd an der beiß, so man jne wirfft, so stät er vff die erde vnd begert des fogel nit. Vnd wan*n* man jm wider locket, so ko*m*met er nit gern zů der hant. Vnd vnderwilen so ist er sich von rechter megrin. Vnd alsdann ge-
32r wynne*n*t die federn meler, die man heisset hunger // meler. Vnd die federn brechent auch dan*n* gern vnd er mag dan*n* nit lang fliegen. Er verlůrt auch dan*n* die kůnheit. Vnd dar vmb begert er nůr der kleinen fogel. Er schryt auch dan*n* fast. Er wirt auch vnderwilen verstopfft, das er nit smeyßt. Vnd als dan so wirt er swere vnd trege vnd begert weder deß aß oder des fogels an der beyß. Vnd wilen so wirt er lusig von besen, fulen flůssen vnd dempffen, die er jn jm hät. Er hät auch vnder wilen den kalten siech tagen. Dz erkennet man uß dem zittern vnd uß siner trurigkeit zů den selben zitten. Vnd ander sucht hät er auch vil, von den allen man hie nach geschriben findt, vnd mit was ercznien man sie vertriben sol. Es ist auch zů wissen, das die hepch vnd die sperber in disen kalten landen krefftiger vnd stercker vn*d* auch gro̊ßer sint dan*n* in den heissen landen. Vn*d* wan*n* die hepch fast edel sint, so begerent sie des fogels an der beisse nit von des hungers, Sonder von eren wegen. Vnd sie habent wollust in freueckeit. Vnd ob sie von dem fogel in der beiße, den sie erflogen hant, begern zů essen, so begerent sie fürderlich das hercze da von. Vnd dar vmb die fogel, die sie herfligen, offent sie an der sytten, das sie das hercz da von gene*m*men mo̊gen. Vnd vnderwilen so begerent sie des hirns vnd essent auch das, vnd das ander laußent sie liegen. Auch die rechten edeln hebch in diesen kalten landen essent gern
32v krebs. // Vnd dar vmb wan*n* sie wol bereyt sint, so vahent sie jren he*r*ren groß fogel vnd ne*m*ment von jne zů lone die kreps, jn den sie sunder lust habent zů essen, | als das schribet der groß Alberchtus.

Von des sperwers eigenschafft.

| FVrter ist zů wissen, das der Sperwer nach dem latinschen 1504[17–24] namen, den er hat, heißt begirig. Wan*n* er an jme selbs klein ist vnd begert doch der fogel, die großer sint dan*n* er als der tuben, des antfogels vnd der aczeln oder der Creůwen. Vnd der sperber vnder allem federspil hat allein die Arte, das er allein vnd nit mit einem gesellen beißt. Vnd dar vmb, wan*n* ir zwen*n* sint an der beißte, so begert einer deß andern vnd hindern sich selbes an der beiße. Etlich sprechent, das der sperber zů winter zyten hab einen lebendigen fogel v̇ber nacht in dem fuß durch der werm willen. Vnd des morgens laß er jn lebendig vnuersert wider fliegen, wan*n* er sy jngedenck der gutheit, die jm von dem fogel gescheen ist. Aber dz findet man nit in bewerter geschrifft. |

Das ander Capitel, das da saget, wie man den habch vnd den Sperwer zam machen vnd zů der beyß bereyten sol.

| MAn sol mit dem habch oder mit dem sperwer nit beysen, er sy 1488[3]–1489[21] dan*n* vor zů der hand gewent vnd zu der beiß wol bereit. Vnd man sol jne Also bereiten. Man sol jme zů dem ersten das gesc[h]ůch an tun vnd ein lange snur an den fuß binden. Vnd sol // man jme 33r dick zů der hant locken. Vnd als dick er zů der hant ko*m*met, so sol man jne ein wenig von dem lockfleisch essen lassen vff das, das er durch das aße, das er von der hende enpfacht, dester ee gewone vnd dester begiriger sy zů jr, So man jn lockt zů ko*m*men. Wan*n* er nů dar durch also zů der hant wol gewenet ist vnd man jne zů der beiße bereyten wil, So sol man an dem ersten tag ne*m*men tuben. Vnd die sol an eim flůgel beraufft sin, das sie nit fliegen mȏg. Vnd sol man sie vor jme laßen lauffen vnd sie jme dick in den fůß geben vnd wider ne*m*men. Vnd sol man sie also in dem vȏrlassen ye fe*r*rer vnd witer fu̇rgeben, das er dardurch an dem flug zů nyme. Vnd wan*n* er mit der tuben also bereit wirt, so sol

man in der selbe wise einen andern fogel fůr geben. Vnd man sol jne also bereiten von einem fogel zů dem andern, vnd von dem kleinen fogel zů dem großen, vnd von dem gemach fliegenden zů dem bald flůgenden, Als man auch die falcken vnd gemeinlich als federspil bereyten sol. Vnd als dick er also den fogel erfluget vnd jne in den fůß nympt, So sol der, der jne bereit, jn dar von mit smůczern ein wenig eessen jn gegenwortickeit der vogel hund. Wan*n* dar durch wirt er gehertz zů der beyß. Wan*n* er nů also wol bereyt ist vnd man mit jm beyssen wil die wilden fogel, so sol man jne vor eessen mit einem lůchten kůfleisch oder vß einer zungen eins
33v swins, die ein wil in essig oder jn harn gelegen ist. Vnd // dar nach des morgens frů sol man mit jme beyssen. Vnd man sol jne laßen den fogel zů dem ersten sehen. Vnd der fogel sol nit fer*r* sin von jm, so man jne dar an wirfft. Man sol jne auch als fer*r* man mag nit werffen gen der angesicht des fogels. Vnd etlich meister habent gesprochen, sy es, das man das aß fleisch laß in harn ligen vn*d* man jne des morgens da mit esse vnd jme auch da mit an dem abend ein wenig da von gebe vnd an dem andern morgen man jne esse von eins sweins zungen vnd dar nach an dem abent gang an das wasser, da groß fogel sint, das er dar durch ein manlickeit vnd ein gehercze gewy*n*ne, die grossen fogel zů her fliegen vn*d* zů beyssen. Wan*n* aber der beißman merckt an der beiße, das der habch oder der sperber den fogel sicht vnd sin doch nit begert, So sol er wissen, das er zů veist ist vnd das im die federn zů dick vnd zů swer sint. Vnd das kompt dar von, das er zů vil zart geesset ist. Vnd dar vmb sol er jme an dem aße abbrechen als lang, byß er hungerig wirt. Wan*n* durch den hunger so wirt er begirig, die großen fogel zů fahen. Vnd by dem aße, das der beyßman merckt, das jme ebenmessig ist vnd nit zů vil noch zů luczel, sol er fůrbas bliben. Vnd wan*n* er zů vil feist ist, So mag man jne mager machen mit knobloch, gestossen vnd vermischet mit boley. Doch so sol er jne nit vil zů mager machen, wan*n* dar durch wirt er verzagt zů der beyße. Vnd ist hie zů wissen, das

der habch // sol sin von dem augsten an biß zû Aller heiligen tag mittel messig, nit zû feißt noch zû mager. Aber dar nach sol er feißt*er* sin. Man sol auch den gesunden habch oder sperwer jn dem tag lang vff der hand tragen. Vnd des morgencz vmb tertz zyt sol man jne essen von eim diech eins huns. Dar nach über ein stund sol man jne lassen baden in wasser. Vnd dar nach sol man jne stellen an die so*n*nen, biß das er sich erstricht vnd die federn wider recht legt. Dar nach sol man jne stellen an ein finster stat byß zû vesper zyt vff ein stangen, dar uff ein linen tuch gelegt ist, das er die Clawen von der stangen nit versere. Vnd von vesperzyt an byß in die nacht vff den ersten slaff sol man jne tragen vff der hant. Vnd dar nach sol man jne wider stellen vff die stangen, da das linen tůch uff ist. Vnd man sol vor jm ein bry*n*nent lucern laßen stan die gancze nacht. Vnd des morgens, so es taget, so sol man jne besprengen mit win vnd jne dar nach stellen gen einem claren fůr. Vnd so der tag uff gangen ist, so sol man mit jm beissen. Vnd ist es, das er an der beisse begert der fogel, so sol man jne dar an werffen. Begert er jr aber nit, so sol man nit mit jme beyssen, Besunder jn hungere, vnd mit im tûn als ob geschriben ist. Vacht er aber etwas an der beisse, so sol man jne gnug da uon läßen essen. Sich sol auch der beisman hûten, sprechent die meister, das jne der habch // vnd auch der falck oder ein igliche federspil yt wunde, biß od*er* pfecze, Besonder zû den zytten, als er jne gebadet hät vnd der habch oder das federspil sich ytz mit dem snabel hat zû zůset vnd die federn recht geleget. Wan*n* zû den selben zytten hat er ein vergifftig veiste an dem snabel, die von dem swantz, der da vergifftig ist, vnd sust von den federn, als er dan*n* dar an gestrichen hat, gehanget bliben ist. Vnd nit allein sint die federn an dem swantz vnd auch sust vergifft mit einer bo̊sen fůchtikeit, die daran ist.

34r 34v

[2] dem statt den A. 34r

[13] morges statt morgens A.

[15] sol der A.

Besonder auch der atem vnd die fůß des habchs vnd des falcken vnd eins iglichen federspils sint suchtlem vnd vergifftig. Vnd dar vmb ist es sorglich, als vor geschriben ist, wan*n* das das federspil einen mit dem snabel oder mit den clawen wondet. Vnd es ist wol geschehen, das etlich da von gestorben sint. Vnd gehoͤrent sunderlich salben zů den wonden, Als das die wissen wondarczat wol wissen. Jst es auch, das der habch vast schriet, So sol man jne essen mit einer fledermůß, vermischet mit pfeffer. Wer es aber, das er heiserlich schry als ob er pfipffig wer, So sol man jme die naslocher mit einer erin nadel vff gewinnen. |

Das trit Capitel, das da sagt von den suchten der hebch vnd der sperber vnd wie man die mit erczeni wenden sol, Als sie meister wilhelm, konig Rogers felckner, etwan*n* bewert vn*d* beschriben hat. //

35r Für die strenge des Atdems.

1484[33–34] | ZV dem ersten spricht der obgenant meister wilhelm, Jst es sach, das der habch duͤmpffig ist vnd einen strengen Atdem hät, Recht als ob er hersticken wölle, so sol man ne*m*men negelin vnd jngber vnd zy*m*met Rinden vnd Romisch komich vnd pfeffer vnd dz bitter oloe vnd salcze vnd ein harcz, findet man in der Apoteck, heisset dragagantu*m*, vnd wirach, von eym als vil Als von dem andern. Vnd die stuck gedert by dem fuͤer sol man wol zů samen stossen vnd puluern. Vnd von dem puluer sol man jme jn die nasloͤcher mit einem Roͤrlin blawsen. Vnd das ander teil des puluers sol man mit buttern oder mit speck Alß groß als ein hasel nuß vermischen vnd de*m* habch jn geben vnd den habch dar nach an die so*n*nen stellen, Als lang biß er das wider von jm wirfft. Vnd an dem andern tag sol man jme aber den speck geben vnd an an dem tritten tag sol man jme geben ein junge rot tuben vnd an dem vierden tag sol man jne baden. So wirt er gesundt. |

34v [21] sich statt sie A.

[22] feckner statt felckner A.

Fur die schaben vnd wurm des habchs.

| FVr die schaben vnd wurm des habchs sol man ne*m*men das 1484[35]–1485[3]
krut, das da heisset garben krut, vnd sol man es wol stossen vnd
jn essig legen. Vnd dar zů sol man vermischen genß mist. Vnd
sol man die stuck also vermischet dry tag // laßen ligen. Vnd dar 35v
nach sol man sie in ein tuch legen vnd wol ußtrucken. Vnd mit
dem safft, das dar durch gedruckt ist, sol man den habch an den
stetten, da er die schaben hät, salben vnd besunder an den flugeln
vnd an dem swantz. Dar nach sol man den Rost von ysen wol
puluern, vnd das puluer sol man zů dryen malen in dryen tagen
dem habch seyen vff die flugel vnd vff den swantz. |

Fůr das werffen des habchs des vnuerdruckten aße.

| WAnn der habch das aße vnuerdeuwet vnd vngeabdruckt wider 1485[8–11]
von jm wirfft, so sol man ne*m*men zy*m*met Rind vnd negelin
vnd Romsch komich vnd lor bletter glich vil von eim yglichen.
Vnd sol man die stuck zerstossen vnd jn einen nůwen haffen
legen vnd mit wissem win wol sieden, also das der win nit ůber-
loff vnd wol jnsiede vnd luczel da von ůber blibe. Vnd dz da
ůberblibet von dem win vnd von den stucken sol man legen in
ein tuch vnd sol es wol uß drucken. Vnd von dem durchge-
truckten safft sol man dem habch giessen in den halß. Vnd des
selben tags sol man jm nit anders zů essen geben. Vnd an dem
andern tage sol man jne essen mit fleisch, das da gedunckt ist in
fenchel krut safft, das da durch ein tuch gedruckt ist. || Wan*n* auch 1485[26–31]
der habch wirfft das fleisch vnuerdeuwet vnd vnabgedruckt, So
sol man jm jn giessen ein lőffel fol laugen, die von reb eschen
gemacht ist. Vnd ist es, das die laug dem habch we tut vnd jne
von scherpffe bisset // so sol man jm dar nach jn giessen dry 36r
leffel vol von dem syrupen, den man jn der Apotecken von blawen
fioln macht, vermischet mit kaltem wasser. Vnd wan*n* er das gewel

---

[a] zy*m*mer A.

35v

wider wirfft vnd wider zû jm selbes kompt, So sol man jne baden zû den zyten, als es schone ist. Vnd jn die obgeschriben laugen, die man jm jn giessen sol, mocht man tun ein wenig stein salcz. Das macht jne das gewel bald wider werffen. |

Fûr die uberfulle Gallen sucht des habchs von bosen fulen flussen.

1485$^{12-19}$ | FVr die ûberfulle des habchs von boͤsen fulen flûssen, die etlich walchen fallera heissent, sol man ne*m*men von der gallen einer berjnn Als groß als ein erwiß. Vnd das sol man legen in einer he*n*nen hercz vnd sol das dem habch geben nûn tag zû essen, ee man jne in den muͤße korbe gestossen hat. Dar nach sol man ne*m*men sefen baum vnd ein krut heißt Rosmarin vnd wilden ysop, den man zû latin heißt Saturegia, vnd das krut bethonica vnd bymenten vnd salbey, iglichs glich vil, vnd rettich ein wenig meer wan*n* der andern stuck eym. Vnd die stuck sol man wol zû samen stossen vnd honig dar vnder mischen vnd dem habch zway male da von nuͤchtern geben. Dar nach sol man jne in den muͤßkorb stossen. |

Fûr den stein in den nieren des habchs.

1487$^{9-16}$ | FVr den Stein des habchs in den nieren sol man ne*m*men das krut, das da heisset scharlach, vnd etlich heissent es brentela vnd
36v hat einen // starcken gesmack, vnd zwirend als vil ysenkrutz. Vnd die sol man stossen vnd das safft sol man jme geben ein tryt-teil eins loͤffels, vnd jne dar nach laßen fasten von dem morgen an biß zû mittem tag. Dar nach sol man jme gebe*n* von dem syRupen, der von fieln gemacht ist Oder von Rosen hunig, dz man in der Apotecke findet, dry loffel vol. Vnd an dem vierden tag sol man ne*m*men das krut wegtret vnd den fûnffripechten wegerich, der da breit ist. Vnd die kruͤter sol man stossen vnd das safft dem habch geben ein dryttel eins loͤffels des morgens nûchtern.
1485$^{20-24}$ So wirt er gesunt. || Man sol auch dar fûr ne*m*men zi*m*men vnd bitter

aloe, negelin, zucker vnd das krut steinbrech vnd wilden heiderich oder wuͤterich, glich vil von allen. Vnd die stuck sol man zů samen stossen vnd zů samen temperiren mit dem syrupen gemacht von Rosen. Vnd wan*n* man den habch esset, so sol man jm da von mit dem fleisch vnd aße zweyer bonen groß geben. |

Vor das gesucht.

| ISt es sach, das der habch das gesucht in den gleichen hät, so 1485^{32-34} sol man jm geben einer halben bonen groß von einer latwerin, fint man in der Apoteck, heißt Aurea Allexandrina. Vnd an dem tritten tag sol man jme geben Triackers. || Man mag auch dar fuͤr 1487^{30-37} ne*m*men ein veiste gans vnd das smalcz da von tůn vnd beren smalcz vnd fuͤchßschmalcz. // Dar nach sol man ein kaczen 37r schinden vnd das jngeweyde vnd die bein dauon werffen. Vnd das fleisch sol man zursniden vnd ein wenig dauon ne*m*men. Dar nach sol man ne*m*men ein stuck, findt man jn der Apoteck, heißt labdanu*m*, vnd das holcz oloe, das da zů latin heißet lignum aloes, vnd sol ein puluer dar uß machen vnd einen wissen zwibel zw snyden. Vnd die obgeschriben stucke alle sol man vnder ein ander zů samen vermischen vnd sol sie legen in die ganß vnd den buch zůneyen vnd einen tag also laßen ligen. Dar nach sol man die ganß braten. Vnd das smalcz, das da uon truͤfft, sol man fahen in ein yrdenß geschirre. Vnd mit dem selben smalcz sol man salben die suchtig stat des habchs. Vnd das schmalcz ist auch gut zu dem gesucht aller tier. || Hett aber der habch das gesucht allein in den 1487^{17-19} beinen vnd in den fuͤßen, so sol man zurstossen das krut, das da heisset wolffs milch, mit honig vnd essig vnd mit ein wenig kalgs. Vnd das sol man binden uff das suchtig bein. Vnd wan*n* man es herabe tůt, so sol man es salben mit dem oloe vnd mit win. |

Für das stechent we.

| ISt es, das der habch ein stechent we tag hat, so sol man ne*m*- 1485^{35-37} men suͤe borst vnd sol die clein hacken vnd sye seyen uff das

fleisch oder aße des habchs nuͤn tag. Dar nach sol man jne essen 37v mit fleisch // das da gedunckt vnd gestossen ist. |

Fůr das kopffs we des habchs.

1486^{18-22} | FVr das kopff we des habchs sol man ne*m*men Sefen baume vnd rettich vnd ein krut heißet rosmarin vnd meyoran vnd wilden ysop vnd bymenten vnd ruͤten vnd salbey vnd das krut bethonica. Die stuck alle sol man zů samen stossen vnd wol vermischen. Vnd dar vnder sol man ne*m*men honig vnd druͤ kuͤgelin als erwiß da uon machen. Vnd die sol man jm geben des morgens mit fleisch als groß als ein hassel nuß ist. |

Fůr das geswer der augen.

1486^{1-7} | ISt es, das dem habch die augen schuͤment vnd flůssent, so sol man ne*m*men ein krut heiß syler montanus zů latin, vnd den samen von dem krut, das da heisset hedrich oder wuͤterich. Vnd die stuck sol man legen uff kolen vnd das fleisch mit dem roch da uon reuͤchen vnd furter mit dem selben gereuͤchten fleisch by dem fuͤer in dem rauch essen, also das der roch dem habch in die kele kome vnd jn die augen. Vnd an dem andern tag sol man jme geben zů essen das bitter oloe Als groß als ein halbe bone vnd einen grůnen heschrecken. Vnd mag man den nit grůn gehon, so sol der, der des habchs pfliget, gewarnet sin, das er hab einen dorren. Den sol er puluer vnd vff das fleisch oder das aße des $1486^{29}-1487^{3}$ 38r habchs werffen. || Auch // fuͤr den smerczen der augen des habchs sol man nemmen jngber vnd oloe vnd wirach, yglichs glich vil, vnd sol die stuck puluern vnd vermischen mit wissem win. Vnd sol man sie tun jn ein becken ůber nacht. Vnd dar nach von dem selben win sol man den habch in die augen troͤfen. Oder man mag ne*m*men das bitter oloe vnd blywiß glich vil, vnd die stuck vermischen mit altem speck. Vnd da uon sol man jme des nachtes, so man slaffen gat, trefen in die augen. |

Fůr den durst des habchs.

| FVr den grossen durst des habchs sol man nemmen sůßholcz 1486$^{11-14}$
vnd ein stuck, fint man in der Apoteck, heisset reubarbaru*m* vnd
ist gele vnd bitter, vnd das krut bethonica vnd den syrupen von
vieln. Die stuck sol man über nacht in wasser legen. Vnd von dem
sol man jme geben acht tag zů trincken. Vnd sol jne eessen mit
froschen. |

Fůr das gefige.

| FVr das gefig in dem weidloch des habchs sol man die kleinen 1486$^{8-10}$
federn von dem flugel derren vnd puluern vnd das puluer uff das
aße des habchs segen vnd jne da mit nůn tag essen. |

Zů dem brůche.

| WEr es, das de*r* habch ein bein zurbrochen het, so sol man 1487$^{3-7}$
ne*m*men mastix vnd wirauch vnd die rot erde, die von armenien
kompt vnd heißet // zů latin bolus armenicus, vnd walwurcz. 38v
Vnd die stuck sol man wol zů samen stossen vnd mit ayer clar
vermischen in eins pflasters wise. Vnd das selbe pflaster, gestrichen
vff ein tuch, sol man vmb das bein slahen, doch also, das das bein
vor glich gezogen vnd uff ein ander gericht sy. Vnd das pflaster
über dem bruche sol man jn fassen in einen grossen wien kengel.
Der selbe kengel behelt das pflaster vff dem bruch vnd tut als
vil als ein bande mit schindeln an dem menschen oder an einem
andern tiere. |

Fur die luse an dem habch.

| HAt der habch luse, so sol man niemen ein krut heißt Romsch 1486$^{24-26}$
byment, vnd das sol man stossen vnd vermischen in scharpffem
surem win. Vn*d* dar zů sol man auch tůn das luß krut. Vnd wan*n*
die zyt warm ist vnd schone, so sol man jne da mit baden. Jst
aber die zyt trůb vnd kalt, so sol man niemen hunr smalcz vnd die

obgeschriben stuck da mit vermischen vnd an dem rauch ùber nacht lassen ston. Vnd dar nach des morgens sol man den habch da mit salben uff dem rucken vnd an dem swantz.

Fùr den fulen fluß des habchs vnd vor die schaben.

1487[20–27] | FVr die fulen fluß vnd schaben des habchs sol man ne*m*men snecken hůser vnd die grunen zwig von den brumber hecken vnd
39r das krut steinbrech vnd salbey vnd olebaum bletter, mag man // die gehon, vnd den schuͤme, den das jung fuͤlhen, so es geworffen wirt, uß den naslochern latt, vnd eins Auls gallen. Die stuck sol man tun in ein nuͤwen haffen vnd sol sie derren ober dem fuͤer, biß puluer dar uß mag werden. Vnd uon dem selben puluer sol man dem habch des morgens geben nuchtern als groß als ein halbe hasselnuß mit ein wenig fleisch. Vnd dar nach sol man nemmen reubarbaru*m*, das man in der Apoteck findet, vnd sol es legen in wasser ein tag. Vnd da uon sol man jme zů trincken geben zů trien malen v̇ber den tritten tag. |

Fùr den grind des habchs.

1486[36–38] | ISt es, das der habch grindig vnd ridig ist, So sol man ne*m*men alt swinen smalcz oder smer vnd swebel vnd quecksilber. Vnd die stuck sol man zů samen vermischen mit etwan vil negelin vnd zymen vnd dar uß ein salb machen. Vnd sol jne da mit salben gen dem fuͤr oder jn eym bade. |

38v [17] Lediglich die Handschrift E (fol. 76 v) weist zwischen den Abschnitten *Fur die luse an dem habch* und *Fùr den fulen fluß des habch vnd vor die schaben* (d. h. zwischen 38 v[17] und 38 v[18]) ein weiteres Kapitel auf, das ohne Entsprechung bei Albertus ist: Wann der habich luse hait. Saltu also vertriben: Du salt nemen wechholder mit Rinden vnd alle, vnd eynen Rick dem habich daruß mach*e*n vnd yne daruff stellen, vnd yme zcwo ader drij mentschen luse an sinen halß lauffen laßen. Vnd so der habich ein zcyt vff dem Rick also gestanden hait, vergeen yme die luse gantz vnd gar.

[20] vnd statt von A.

Wie man den habch veist machen sol.

| WJe man den habch veist machen sol, so sol man jne essen mit gensfleisch vnd mit wilden tuben. | 1486^{23-24}

Vor zauberniße des habchs.

| WEr es, das den beißman beducht, das der habch bezaubert were, So spricht der meister wilhelm, das man jne berauchen sol mit wirach vnd mit jndischem bech, das man in der Apoteck // findet vnd heißt zů latin Aspaltum, mit einer frucht heisset mirtel vnd hat man sie auch in der Apoteck, vnd mit palmen baum, geworffen uff koln. | Doch zaubernіß vnd solich arczni wider die zeůberniß zů tun ist nit cristenlich vnd auch jn Cristenlicher saczunge verbotten. 1486^{16-17} 39v

Das vierde Capitel, das da sagt von den suchten der hebch vnd der sperber vnd von [den erczniеn] da wider, Als sie keissers friderichs [felckner] etwan bewert vnd beschriben hat.

Für die kelte in der brust des habchs.

| WEr es, das der habch an der brust erkaltet were, so sol man ne*m*men die korner von dem lußkrut. Vnd die sol man wol in einem morsel stossen vnd mit honig vermischen. Vnd da mit sol man dem habch jnn wendig den rachen riben. Vnd dar nach sol man jne an die so*n*nen stellen. Man mag auch ne*m*men Retich samen vnd ruten vnd pfeffer glich vil, vnd die stuck mit honig vermischen vnd kugelen dar uß machen Als pfeffer korner. Vnd von den selben kůgelen sol man jm geben try tag nach ein ander. Vnd das mag man tun als dick der habch kalt ist Oder von keltin zů vil vnd zů důnne smeisset. Vnd man mag auch dar uon ne*m*men 1482^{6-31}

---

7 wider statt den erczniеn A. 39v

8 felckner fehlt A.

11 erkalter A.

safft von dem krut, das da heisset andorn, vnd pfeffer vnd den 40r samen von dem krut, // das da heißt epffe, vnd honig halb als vil als des saffts. Vnd von den stucken gepuluert vnd zů samen mit dem safft vnd honig gemacht, mag man den habch eessen. Desselben glichen mag man jne essen von dem krut bymenten gepuluert vnd vermischet mit honig. Vnd wan*n* er also vmb die brust erkält ist, mag man jne auch essen mit der wurczeln von dem senff krut vnd mit clee, glich vil zů samen gepuluert, vnd mit milch vnd mit ole, von dem krut ysop gemacht, vermischt, wan*n* es vast gutt ist vor die kelte der brust des habchs. Des selben glichen mag man ne*m*men garten kreß, vermist mit honig, vnd dem habich das mit swinen fleisch geben. |

’Fur die streng des Atdems.

1482$^{22-29}$ | WEre der habch herczslechtig vnd bedumpffen an dem atdem, So sol man ein ziegelstuck wol puluern vnd das puluer mit warmem fleisch vnd mit bocks fleisch dry tag dem habch geben. Man sol auch ne*m*men das safft von wermut vn*d* das sol man giessen zwischen die hůte vnd das fleisch eins diechs von einem hůn, vnd esels milch dar vnder tůn. Vnd da uon sol man den habch essen. Vnd wan*n* der habch das aße also dry tag by jme behelt, so sol man machen ein laugen von rebeschen, vnd die sol man jm geben mit warmem fleisch zwen tag nach ein ander vnd dar nach sol man jne essen try tag nach ein ander mit geiß milch vnd mit 40v // buttern vnd mit dem puluer von mastix, den man in der Apoteck findet, dar vnder vermischet. |

Fůr die hunger meler des habchs.

1481^{36}–1482^{5} | HAt der habch an den federn die hunger meler, so sol man niemen menschen mist vnd salcz. Vnd da mit sol man die federn bestrichen, Besunder an der hut, da sie einen ursprung haben. Dar

---

40 r [5] man mag A.

40 v [5] niemem A.

nach sol man jme geben wasser zů trincken. Vnd das fleisch, da mit man jne esset, sol man duncken in huswurczsafft. Oder man sol ne*m*men papel vnd wilden ysop vnd swinen smalcz. Vnd die stuck sol man dem habch druͤ loͤffelin vol in den hals giessen. Vnd dar nach sol man jm geben ein gancz gallen von eim swin Oder von eim hůn, mit einer swins lungen vermischet. Vnd als lang byß er gesund wirt, sol man jn trencken mit wasser des morgens, vnd des Abendes sol man jne eessen mit buttern. |

Wan*n* der habch das fleisch nit essen wil.

| WAnn der habch das fleisch, das man im gibt, nit essen wil vnd 1482[30–33] es mit dem snabel von jme wirfft, so sol man jme geben von eym andern fleisch, Besonder von dem kranch. Vnd dar nach sol man legen vnder die zungen des habchs ein korn von dem lußkrut, so wirt er zů stond da uon das fleisch werffen, das er gessen hät. |

Wan der habch nit smeissen mag vnd in jm verhert ist. ||

| WEr es, das der habch nit smeissen mocht vnd hert were, So sol 1482[34]–1483[5] 41r man niemen die wurcz von dem rettich, daran noch kein grunß krut usgeslagen ist. Vnd die sol man in dry teil snyden, da yglichs teyl als groß ist als der clein finger. Vnd die stuck sol man vornen wol spiczig machen als die gersten korner sint, vnd die selben stuck in milch smalcz gestossen vnd da mit bestrichen, so[l] man jme zů essen geben. Vnd dar nach sol man jne an die son*n*en stellen. So wirt er bald důn smeissen. Vnd uff das der habch alweg zů dem smeissen jnnwendig in den dermen gesund blib vnd nit verstopfft werde, so sol man die este vnd die bletter von den bapeln in wasser sieden, Als lang byß das wasser gar jngesotten sy. Darnach sol man die gesotten blettern vnd este laßen drucken werden. Vnd sol man sie wol stossen vn*d* mit buttern

[21] Wan der der habch A.

[6] so statt sol A. 41r

wol sieden vnd durch ein duch wol durch strichen. Vnd mit der veiste, die dar durch gestrichen ist, sol man den habch vff fuͤnff male eessen. Vnd wer es, das er von der veiste allein nit wolt essen, so sol man jms geben mit fleische. Dar zů ist auch gut, wan*n* man niempt das krut Attich vnd Ruten vnd papeln vnd das krut kuͤnlin vnd Rosmarin oder sefenbaum an des rosmarins stat, vnd smalcz von eim swin, das noch nit eicheln gessen hat. Vnd wann man die stuck alle zů samen stoßt vnd sudt jn win vnd
41v dar nach durch sicht // vnd lutert als das wachß vnd man den habch des abendes von dem durchgestrichen esset, so blibet der habch dar durch gesund jnnwenig, zů smeissen. |

Wie vnd wa mit man den habch muͤßen sol.

1483[6–28] | HAt der habch vor sich mee gemuͤßt, so sol man jne in den muß korb nit ee stossen, dan*n* in dem monet, den*n* man heisset den Jenner. Hat er aber vor kein muß vnd ist nuͤr von eim jare, so sol man jne in dem heumonet jnstossen. Vnd als dan sol man jne essen mit lebendigen fogeln, mag man die gehaben, vnd sol im auch dan gebe*n* mit dem fleisch negelin vnd fenchel samen. Vnd der muß korb sol jm recht vnd wit gnug syn. Vnd wan*n* er die muß gancz an jm hät, so sol man jne wider heruß nemen. Wer es aber, das er zů der muͤß die federn nit bald reren wolt, so sol man nemen den fehen slangen, der vnder den andern aller mynst vergifftig ist, vnd etlich heissent jne zů tuͤtsche den vncken, vnd den sol man sieden mit kern. Vnd von dem kern vnd von der bruͤ da uon sol man eessen vnd trencken ein hůn. Vnd von dem selben hun sol man dar nach den habch eessen. So zettelt er die federn vnd laßt sie zů stond fallen. Vnd wer er auch sust siech, so wird er da uon gesund. Vnd er gewint da uon nuͤwe starck vnd hůbsch federn vnd lebt auch dar durch lang gesund vnd frisch. //
42r Man mag auch die kleinen fischlin, die in den bechen louffen,

---

41v 10 muß krob A.

puluern vnd das puluer vff das fleisch vnd aß des habchs werffen, so muset er sich one zwiffel balde. Gibet man auch dem habch zů essen die iner braten von einem swin, die vor jn esels milch gelegen sint, So muset er sich da uon gar balde. Vnd des selben glich tůt die grun eydeß gepuluert, wan*n* man sie jm gibet mit dem aße. Man mag auch die ber von dem holder in dem ersten herbst monet vnder die erden graben vnd dar nach gersten da mitfůcht machen vnd die gersten den hůnrn zů essen geben vnd mit den selben hůnrn fůrbas den habch essen. So laßt er die federn balde. Vnd ob man sust fleisch in das safft der holder beer stieß vnd den habch da mit eßte, das were auch gůt zů der muße. Man mag auch furter nemmen egeln vnd die in klein stucklin zursnytten vnd die mit fleisch dem habch zů essen geben. Oder man mag sie puluern vnd das puluer uff das fleisch werffen vnd dem habch geben. So mußt er sich da uon balde. Er muset sich auch balde, wan*n* man jm gibet lebendig můse zů essen. |

Zů den zurbrochen federn des habchs.

|WEr es, das der habch die federn zurbrochen hett, so sol man 1483^{29-33}
snyden ein ander feder, die da der zurbrochen feder glich ist. Vnd die sol man jn die zůrbrochen federn stossen. Wer es aber, das die federn in dem kengel zurbrochen were, so sol man ein feder // von einem andern habch oder von eim Rappen dar jn 42v
mit einer nadel, die viereckt ist, verhefften. |

Wie man ein habch mager vnd veist machen sol.

|WJl man ein habch mager machen, So sol man jm geben zů 1483^{36-42}
essen knoblauch mit poley gestossen. Oder man sol im geben gesalczen fleisch, das über nacht jn wasser gelegen ist. Vnd dar uff sol man jm geben vier male wasser zů trincken. Wil man jne aber veist machen, so sol man jme geben die nieren von einem swin

[2] puluer statt puluern A. 42r

[9] hůrn statt hůnrn A.

vnd fleisch von einer veißten henn. Man mag im auch dick geben wieders hirn zů eessen. |

Wan*n* der habch von der so*n*nen geleczt ist.

1484^{1-8} | ISt der habch von der so*n*nen geleczt, So sol man in sin naslocher giessen roswasser. Vnd man sol jne essen mit geißfleisch vnd mit honig. Vnd der beyßman sol win in sinen mund nemen vnd jne dem habch vnder die augen jn blassen vnd spriczen. |

Wan*n* der habch von regen vnd vngewitter schaden geno*m*men hat.

1484^{4-12} | HEtte der habch an der beisse von dem regen vnd vngewitter schaden enpfangen, So sol man jme die fliegel uff heben vnd jne mit lawem warmem wasser von oben an von den achseln vnd flugeln biß an das ende des swanczes wol begiessen, Also das es jme rinne byß uff die fů̊ße. Wer es auch, das er von der beysse jn*n*wendig siech worden were, so sol man jm geben iii tag zů essen
43r v̊len, die noch // warm vnd frisch sint, oder fledermuse, vnd sol jm auch geben iii mäl swinen fleisch jn essig gedunckt. Wan*n* das bene*m*met ym die masleide vnd mocht jne lustig vnd ist jm gůt für das kopff vnd brust we. |

Wan*n* der habch an der beiße ein zehen zurbrochen oder schaden dar an geno*m*men het.

1484^{13-16} | HEtt der habch an der beisse ein gleich an der zehen gebrochen oder sust schaden dar an empfangen, So sol man ein lebendig muß uff schnyden. Vnd dar jn, so sie da*n*noch warm ist, sol man den fů̊ß des habchs mit einem kleinen binlin binden. Vnd wirt er dan*n* da uon nit gesunt, so sol man mit dem marck von dem rechten clawen des swins den fů̊ß des habchs dry tag salben. |

Vnd das sint also die ercznyen, die kaisser friderichs felckner etwan*n* gebrucht vnd bewert haben wider die sucht der hebch. Vnd was also gesagt ist von den hebchen, das sol man auch verston von den Sperbern.

Das fůnfft Capitel, das da saget von den suchten der hebch vnd der Sperber vnd von den ercznien da wider, Als sie der groß meister vnd arczat yppocras in dem bůchlin, das er da uon gemacht, beschriben hät.

IPpocras, der groß meister vnd wiße Arczat, jn dem bůchlin, das er von den suchten der // hebch vnd der sperber gemacht, hat 43v Beschriben die erczn*i*e wider die sucht der hebch. Vnd wan*n* man die flissiglichen mercket, So ist es one zwiffel ware, das die vorgena*n*ten konig Roger*s* vnd auch keisser friderichs felckner vnd fogler hant ir kunst gehabt vn*d* geno*m*men von den natůrlichen philosophi vnd meistern, die zů iren zyten vnd vor jnen gewesen sint. Vnd die selben haben das ursprůnglich von dem yppocras gehabt, wan*n* er der erste wise vnd vernůfftig naturlich philosophus vnd meister in der erczn*i*e gewessen ist. Vnd ist auch gewessen vor Aristotiles vnd vor plato, Als das der groß meister galienus schribt von jm.

Nůn spricht er jn dem selben bůchlin zů dem ersten also:

Wan*n* der habch daß aß vnabgedruckt wider wirfft.

WAnn der habch vnabgedruckt vnd vnuerdeuwet wider wirfft, So sol man Coriander stoßen vnd durch ein duch strichen. Oder man mag jne puluern vnd das fleisch dar jnn duncken, da mit man den habch essen wil. So wirt er gesund. Oder man sol ne*m*men die wurczeln bertram vnd jngber glich vil. Vnd die stuck sol man puluern vnd mit eppff krut safft zů samen vermischen. Vnd dar jn sol man das fleisch vnd aße duncken vnd dem habch zů essen geben. Oder man mag jm geben zů essen frischen speck, gedunckt in Coriander gepuluert. Oder man mag das krut // epff 44r vnd nessel zů samen stossen vnd das fleisch in das safft duncken vnd den habch da mit eessen.

Wan*n* dem habch das hirn bedumpffen vnd verstopfft ist.

WEr es, das dem habch das hirne bedumpffen vnd verstopfft were von staub oder von rauch oder sust von andern sachen, so sol man jm jn die naslocher gepuluerten pfeffer vnd rettich [tun], oder man mag speck vnd knoblauch zů samen stossen vnd da mit den habch den gu*m*men vnd den rachen riben. Man mag auch den knoblauch wol stossen vnd mit lautrem wasser vermischen vnd da mit dem habch den kopff try tag nach ein ander gen dem fuͤer Oder an der so*n*nen zwahen vnd weschen. Man mag auch furter das krut ysop vnd Ruten gestossen mit milch smalcz zů samen vermischen vnd das dem habch des morgens zů essen geben.

Diß vorgeschriben erczny, spricht yppocras, reinigent nit allein das hirne vnd den kopff des habchs, Sonder auch die indern glider.

Von den ercznien, die den habch reinigent, so er jnn wendig siech ist.

VNd diß nachgeschriben ercznie sint auch gut dem magen, die derm vnd die jnnern glider des habchs zů reinigen. Zů dem ersten sol man ne*m*men die blu*m*men von dem krut, das da
44v heisset // epff, vnd blumen von den wyden vnd das recht graß mit vil knopffen, das die apotecker nuczent, vnd die blu*m*men von dem krut quenuel oder kůnlin. Vnd die stuck sol man puluern vnd das puluer mit dem fleisch geben dem habch zů eßen. Jtem man mag niemmen wiß nieswurcz vnd die sieden jn suͤßem win. Vnd die bruͤ, dar jnn sie gesotten ist, sol man vermischen mit veißte von eim hune vnd von der tuben vnd von dem tucher. Da uon sol man den habch des morgens vast fruͤe eessen. Vnd dar nach sol

---

44r 8 tun fehlt A.

44v 6 tuscher A.

man jne nit mee essen biß in die nacht vmb den ersten slaff. So sol man jme geben swinen fleisch mit eye. Man mag auch das gel oppriment, das man jn der Apoteck findet, vnd ist vergifftig, vermischen mit beren smalcz vnd mit veißte von eym fasant oder vrhan vnd da uon dem habch morgens fruͤ essen. Diß vorgeschribe*n* erczny alle sint dem habch gůt, wan*n* er jnnwendig siech ist, wan*n* sie reinigent jne.

Fůr die wurm des habchs.

FVr die wurm des habchs sol man ne*m*men den samen des krutz, das da heisset epff, vnd sol jne puluern vnd das puluer dem habch jnn geben. Vnd dar nach sol man jne vff vier mal essen von einer lebendigen tuben vnd von einer spiczmuͤß, die noch warm ist. Man mag auch winter ysop vnd lattich sieden vnd das fleisch, da mit man den habch essen wil, jn die bruͤ stossen vnd jm das geben. // Oder man mag sieden wermůt vnd die bruͤ tůn jn ein 45r
hunds darm, der eins ůber zwerchs schůchs lang ist. Vnd den darm sol man an beyden enden verknopffen vnd dem habch geben zů verslinden.

Fůr die luße des habchs.

HAt der habch luͤße, so sol man schinden ein kůczin, die wil es jung ist. Vnd dar jn sol man den habch verwickeln vnd einen ganczen tag dar jn lässen ligen. Man mag auch machen ein laug von sefen baum vnd den habch da mit wesche*n*. Jtem man mag niemen quecksilber vnd swebel, vnd die stuck sol man mit safft des klewes oder mit einer bruͤ von dem klee vermischen, vnd da mit sol man den habch salben gen dem fuͤer oder an der so*n*nen. Vnd dar nach des nachtes sol man jme fuͤrspreiten ein wiß linen tuch oder jne dar jn die gancz nacht verwickeln: so gant die luße an das tuch. Man mag jne auch weschen mit einer bruͤ, dar jnn die wisse nieswurcze gesotten ist.

---

[8] slafft statt slaff A. 44 v

[11] dem statt den A. 45 r

Fůr den groBen durst des habchs.

ISt es, das der habch vast durstig ist, so sol man sieden liebstuͤckel in win vnd epff vnd duͤllen vnd fenchel samen, eins als vil als des andern. Vnd da von sol man dem habich iii tag zů trincken geben. Vnd der win sol kalt sin, wan*n* er da uon trinckt. Man mag auch den schuͤm von dem yssen, das ist sindelstein, mischen in wasser vnd da uon dem habch geben zů trincken. //

45v Fůr die masleyde des habchs.

HAt der habch die masleide, so sol man jme geben ein lebendig spicz muß zů essen oder von einem jungen hund, der noch blind ist.

Fur das pfiffen.

ISt es, das der habch pfiffet recht als ein mensche, das da flussig ist vmb den kopff, vnd hustet, so sol man jm geben zů eessen von einer tuben, dar uff gepuluert lorber geseyet sint. Man sol auch knoblauch sieden vnd jne mit pfeffer vermischen vnd dem [habch] da mit den gu*m*men vnd den slund ryben.

Fůr die schaben in den federn des habchs.

FVr die schaben in den federn des habchs sol man ne*m*men marck von eim hirß horn vnd baumole da vnder gemist, vnd da mit den habch salben an den enden, da die schaben sint. Man mag auch sieden wermut, das krut oder die wurczel, vnd durch ein tuch syhen vnd dar zů tun laugen, gemacht uß rebeschen, vnd ein wenig baumoles. Vnd da mit mag man den habch weschen an den stetten, da die schaben sint. Vnd man mage auch rettich bletter mit ein wenig honig sieden, Als lang, das der honig mit den blettern hert ist. Vnd dar nach sol man es jn win zur triben vnd acht tag da mit die federn des habchs weschen. Fůr die schaben mag [man] auch ne*m*men bletter von einem pflumbaum vnd bletter

45v [10] habch fehlt A.

[22] man fehlt A.

von ysenkrut, das man heisset verbena. Vnd die sol man zů // samen stossen. Vnd mit dem safft sol man die federn des habchs 46r dick bestrichen. Man mag auch die federn, die ytz von den schaben geleczt ist, dem habch uß ziehen, vnd das blut, das da vornen in dem kengel ist, uß trucken vnd sie wieder fullen mit puluer von dinten, gedert vff einem warmen ziegel, vnd von ruͤten samen vnd von eine*m* swarczen samen (ist dem raden in dem korn glich vnd heisset zů latin nigella), gemischt zů samen mit win, vnd die feder also gefult, wider stossen in die stat, da sie uß gezogen ist, suberlich, das jme dauon nit wee geschech. Wer es aber, das man sie nit wider jn wol gestossen mocht, so sol man ne*m*men ein gesund starck feder von einer hene oder von einem andern fogel vnd sol man die fullen mit dem vorgeschriben puluer, mit dem win zů samen vermist, vnd sie in das loch stossen, da die schebig feder uß gezogen ist. So blibet die selbe feder vnd beclibet vnd wirt gesund vnd gat die schabe furter an kein ander feder.

Fůr das gesucht des habchs.

ISt der habch suchtig, an welichen enden das ist, so sol man jne salben da selbs mit ole von pfersich kern gemacht, das man in der Apoteck findet. Man mag auch bre*n*nen smalcz von durrem hasel holcz. Vnd dar mit mag man auch den habch salben.

Fůr das stechent we.

FVr die sucht des habchs, die da heisset nadel, wa*n*n sie den*n* habch sticht, als ob jne ein nadel // stech. So sol man ne*m*men 46v ein darm von eim hůne dryer finger breit. Vnd den sol man fůllen mit wermůt safft. Vnd den darm sol man an beiden orten verstricken mit einem faden. Dar nach sol man jne also gantz dem habch geben zů verslinden. Hette aber der hebch das selbe stechent we in dem kopff, das er dar durch die gesicht verluͤre, So sol man jme geben von einer v̇len warm zů essen.

5 gesich statt gesicht A. 46v

Vor den fluß vnd das wee in dem kopff.

WEr der habch siech vnd flûssig in dem kopff, so sol man jme in die naslocher giessen eppffen safft. Oder man sol niemen denten vnd salcz safft glich vil vnd sol sie bre*n*nen uff eim roten ziegel. Dar nach sol man von dem selben roten ziegel oder test als vil puluers mache*n*, als des salcz vnd der dinten gewessen ist. Vnd die selben puluer sol man zû samen tûn vnd buͤteln durch ein tuch vnd dem habch in die naßlocher blaßen.

Wan*n* der habch inwendig siech ist von fulen boͤßen flûssen.

WAnn der habch inwendig siech ist von fulen boͤsen fluͤssen, so sol man nemen holderbere, die da zyttig sint, vnd die sol man ußtrucken. Vnd in das safft sol man duncken das fleisch vnd jm dauon zwey oder druͤ male eessen. Man mag auch die bere dör*r*en vnd puluern vnd dar jnn das fleisch stossen vnd da mit den habch essen. Vnd wer der habch jnwendig siech von der gallen, so sol man ne*m*men frischen speck vnd den zerlässen in einer pfannen.
47r Vnd dar zû sol ma*n* tûn // als vil das safft von seffen baum vnd sie miteinander sieden. Vnd dar nach sol man es durch ein tuch sichen vnd sol dar jnn legen das fleisch, da mit man den habch eesset.

Wer es, das der habch erblindett.

WAnn der habch erblindet ist vnd nit gesicht, So sol man ne*m*men, spricht yppocras, ein clein fliedem. Vnd die beide adern der augen by den naslochern so sol man jm da mit enzwey schniden. Vnd dar nach sol man mit einer ande*r*n gluͤwenden fliedemen die abgeschnyten adern an den*n* orten brennen. Vnd ee iii tag hin gant, so wirt er gesehen. Vnd wan*n* man die adern also bre*n*nen wil, so sol man legen ein kleins helczlin zwischen den brant vnd die augen, Also das die augen von dem brande nit

---

46v [18] men statt nemen A.

schaden empfahen. Vnd mag da mit der habch nit essen, so sol man jme geben ein gewel von jungen můsen vnd von jungen sparen. So wirfft er es wide*r* vnd wirt gesund.

Wil man, das sich de*r* habch balde muße.

WJl man, das der habch sich balde muße, so sol man ne*mm*en, spricht yppocras, ein slange*n* oder meer vnd sol jne das heupt vnd den swantz einer hant breit abehouwen vnd jne uff sniden vnd die gallen vnd das jngeweyde herußtun. Das ůberig teil sol man dar nach sieden in einem haffen, biß das es fast jngesotten ist, vnd die feiste vnd das schmalcz, // so das erkalt ist, da uon 47v
nemen vnd abheben. Vnd das fleisch, da mit man den habch essen wil, sol man da mit bestrichen. So gewint er da uon rot augen vnd die obern federn werden swarcz vnd die vndern wiß vnd muset sich balde dauon. Vnd diß erczнye ist vast gůt zů der muß. Man mag auch das fleisch, da mit man den habch eessen sol, bestrichen mit dem safft der holderber, wan*n* der habch muset sich dauon balde. Dißе arczeny hät auch keisser friderichs felckner zů der můß gebruchet, Als obgeschriben ist, vnd sie hond sie vrsprůnglich von dem yppocras gehabt.

Vor das abne*mm*en des habchs.

WEr des habchs wartet, sol wissen, das der habch selten das abne*mm*en vnd die megerin an dem lip ůber kompt. Wan*n* so jm der snabel zů groß vnd zů lang ist, dan*n* so kan*n* er vor lenge des snabels das aße nit verslinden. Vnd uff das de*r* habch also nit abneme vnd mager werde an dem lib, so sol man jme den schnabel suberlichen absnyden vnd mit dem schůme von einem geclopfften ayer clar wol salben vnd bestrichen. Man sol jne auch mit dem snabel, so man jn esset, vnderwilen laßen bicken in die walten wachs vnd in das hert geder, das da nach by den beinen

[13] AD haben *der* lenge, C *der* Lengin *balb*, BEFH dagegen *vor* (*der* BFH) leng. 47v

stet. Wan*n* dar durch so slifft er den snabel hinweg. Wer es aber, 48r das der habch ytz abgeno*mm*en hett vnd mager worden // were, so sol man ruten vnd bapeln vnd epff zů samen stossen oder sieden vnd das safft oder die bruͤe durch ein tuch syhen vnd strichen. Vnd dar zů sol ma*n* ne*mm*en halb alṡ vil geluterts specks oder schmalcz von einem heimschen swin, das nit zů feld gangen ist, als des safft oder der bruͤ ist. Vnd den speck vnd das safft vnd die bruͤ sol man mit ein ander vermischen vnd sie laßen erkalten vnd in einer bůchs behalten. Vnd da mit sol man dem habch des abendes eessen, nach dem als man jn vor mit fleisch geesset hat. So wirt er wider veiste.

Wil man den habch bald [mager] machen.

WJl man den habch bald mager machen, so sol man jne essen von dem blůt eins jungen fůlhens oder von der lungen. Wil man jne aber balde veiste machen, so sol man jme geben eins swins hercz also warm mit der veiste, die an jm ist.

Das sechste Capitel saget von den ercznyen, die gemeinlich den falcken, den hebchen vnd allem federspil gut sint für jr suchten, Als die maister Aquila, Symachus vnd Theodocion des konigs von egipten lant beschriben habent.

Wen*n* dem federspil in dem kopff vnd jn den augen we ist.

48v DJe meister Aquila vnd Symachus vnd Theo-//docion sprechent:
1489[34]–1490[3] | Jst die sucht dem falcken odeṙ anderm federspil in dem kopff vnd in den augen, so sol man jme die augen jnwendig salben mit baum öle, ist die sucht jnwendig, Oder uff den augen, ist suͤ uß-wendig. Were*n* aber wiß flecken dem federspil in wendig in den augen gewachsen, so sol man jme dar jn troffen fenchel samen,

48r [10] dem statt den A; mager fehlt A.

vermist mit frowen milch, die einen knaben seugt. Wer es auch, das dem federspil die augen von alter dunckel weren worden, so sol man es brennen mit einem silberen oder guldin griffel ober den naslochern, die da stirn zucht mitteln in den snabel. |

Wann dem federspil die naslocher verstopfft vnd beschlossen sint.

| JSt es sach, das dem federspil die naslocher verstopfft vnd 1490^{3-4}
beslossen sint, So sol man jme dar jn durch ein rorlen blaßen ein puluer, gemacht uß pfeffer vnd uß luß krut samen. |

Hat das federspil den snůpffen vnd vil fúchtikeit in dem kopffe.

| WAnn das federspil hät die snůppen vnd vil fúchtikeit in dem 1490^{5-8}
kopff, so sol man jme ruten für die nasen heben vnd das fleisch, damit man jne esset, in ruten safft stossen. Man mag jm auch gestossen knoblauch mit win vermist in die naslocher treuffen vnd sol jne dann stellen an ein finster stat ein ganczen tag, vnd den selben fasten läßen. | //

Fůr das pfiffen des federspils. 49r

| HAt das federspil das pfiffen, so sol man jm den snabel uff tůn 1490^{9-12}
vnd die zungen vnd den rachen riben mit luß krut samen, vermist mit honig. Vnd hilfft es nit, so sol man jm geben milchsmalcz zů essen. Vnd puluer von gederten kolen ist auch dar zů gůt. |

Wann das federspil zů vil schriet.

| Schryet das federspil zů vil, so sol man nemmen ein fledermuß 1490^{13-17}
vnd pfeffer dar jn tůn vnd jme die geben zů essen. Vnd mag man die fledermuß nit haben, so ist sust ein fogel, mit pfeffer bereit, dar zů gůt. Vnd wenn das federspil also zů vil schryet, So ist es ein zeichen, das er sich ist Oder das es zů mager ist oder das es eyer jn jm hät. |

---

11 feder statt federspil A. 49 r

Vor die masleyde des federspils.

1490[16–19] | HAt das federspil die masleyde, so sol man jm geben zů essen spicz mů̊se oder von eim jungen welffen, der noch nit gesicht. |

Wan*n* das federspil das aße wider wirfft.

1490[20–26] | WJrfft das federspil das aße wider von jme, so sol man ne*m*men ein stuck, findt man in der Apoteck, heisset scamone vnd tribt den menschen vast zů stul. Als vil da uon, als da wigt ein vierteil eins hellers, vnd als vil romsch ko*m*mels vnd mit den stucken gepul-
49 v uert, sol man beseyen veist swinen fleisch vnd jme das // zů essen geben. Mag er aber das fleisch nit essen, so sol man das puluer tůn in ein eys wiß vnd jm das jn geben. Man mag auch, so das federspil das aße wider wirfft, ne*m*men rohe eyer vnd die mit geysmilch klopffen vnd vermischen vnd dar nach sieden vnd dem federspil da uon geben zů essen: so wirt er gesundt. |

Wan*n* sich das federspil anfahet zů musen.

1490[27–31] | VAcht das federspil an, sich zů musen, so sol man es nemen von aller arbeit vnd sol man jm gnug zů essen geben. Vnd als dick es hungern wirt, als dick gewint er zeichen der muse an den federn. Vnd als dan*n* ist gůt, das man es stelle uff grů̊n wasen. Vnd die hicz von der so*n*nen, Wan*n* die messig warm ist, Jst jm auch gut zů der mußе. Aber ůberig hicz schadet jme. |

Wan*n* das federspil febres vnd vnnaturlich hicz hat.

1490[32–39] | HAt das federspil die febres vnd zů vil vnnaturlicher hicze, So sol man jme das safft geben von byfů̊ß mit hů̊nr fleisch zů essen. Man sol jm auch den rechten fů̊ß fast binden, so sicht man jm ein groß ader mitten uff dem fů̊ß. Vnd an der selben ader sol

---

49 v [12] Abe statt Aber A.

[15] geben das gesafft von dem kraut das man heist puckeln (buckeln E, bukeln F, puckeln H) oder peyvas BEFH.

man jme subtilichen laßen. Vnd ist zů wissen, das das federspil vier adern hät an dem fůß, ein vßwendig, die ander jnwendig, die tritten vornen vnd die vierden an dem fůͤß // ober der grossen clawen. Vnd die vnnaturlich hicz erken*n*et man an dem federspil, wan*n* es hengkt die flůgel vnd den kopff vnder sich vnd stat zů zittern, recht als ob es frůͤr. | 50r

Vor den durst des federspils.

| ISt das federspil vast durstig, So sol man das krut liebstůͤckel puluern vnd den stengel von dem krut tillen vnd uon dem fenchel krut. Vnd das puluer sol man sieden mit win vnd ein loͤffel vol hunigs dar vnder tůͤn. Vnd dauon sol man jme zů trincken geben oder man sol es jme jn giessen, Wil es da von nit trincken. Oder man mag es eessen den ersten tag mit fleisch, bestrichen mit honig, vnd den andern tag mit fleisch, bestrichen mit kaltem rosoͤle. | 1490^{40-44}

Hat das federspil die gällen sucht.

| WAnn das federspil die gällen sucht hat, die man heisset in welsch fellera, so sol ma*n* ne*m*men puluer von widen blůt Oder von widen knopffen vnd das uff sin aß seyen. | 1491^{1-3}

Wan*n* dem federspil die flugel hangent.

| HAngent dem federspil die flugel, so es auch nit febres nach vnnatůrlich hicz hat, So sol man jme die flugeln bestrichen mit gensblůͤt. Man sol es essen mit genß smalcz. Oder es ist besser, das man jme die flugel uff hebe vnd es dar vnder salbe mit lor oͤle, vnd die flugel ußwendig bestrichen mit eins swins gallen. Vnd syn aße stoß in yssen // krut safft Oder salbey safft, vnd jm das zů essen geben. | 1491^{3-7} 50v

Wan*n* das federspil das gesucht in den flugeln hat.

| HAt das federspil das gesucht in den flugeln, so sol man das krut, das da heisset gundelreb, sieden jn wasser. Vnd die bletter 1491^{8-10}

---

9 das statt da A. 50r

des selben kruts, wol gesotten vnd gestossen, sol man jm also warme binden an die ende vnd an die ort der flůgel. Vnd sin aße sol man stossen in die brů, dar jn die bletter gesotten sint, vnd jme es zů essen geben. |

Wan*n* das federspil das gesucht in den fusen hat oder schaben in den federn.

1491$^{11-13}$ | WAn*n* Aber das federspil das gesucht in den fußen hät oder schaben in den federn, So sol man es eessen mit Bocks fleisch in essig gelegt. Vnd die flugel vnd die federn sol man jme bestrichen mit lorőle. |

Wan*n* das federspil zurbrochen federn hat.

1491$^{14-19}$ | HAt das federspil zůrbrochen federn vnd wil man jme die uß ziechen one we, so sol man ne*m*men blůt von einer můse vnd die federn, da sie in der hut stent, mit bestrichen oder salben. So fallent sie heruß. Dar nach sol man honig sieden, biß es fast dick werde, Als die Apotecker tund, so sie zepfflin dar uß machen. Vnd uß dem selben honig so sol man machen ein zwig, glich eins kindes rűten. Vnd das selbe zwig, von dem honig gemacht, sol man stos-
51r sen in das loch, da die zurbrochen feder jnn gestanden ist.// So wechst jme da uon ein nű gut gancz feder. Man sol jm auch die feder bestrichen mit őll magen krut safft gewermt. Vnd sin aß sol man stossen in das safft vnd jn geben zů essen. |

Wan*n* das federspil ein bein an dem fűß oder sust gebrochen hat.

1491$^{20-22}$ | JSt dem federspil ein bein an dem fuß oder sust gebrochen, So sol man das bitter őle, das man in der Apoteck findt, jm dar ůber binden vnd ein nacht vnd tag also uff dem zurbrochen bein ligen laßen. Man mag jm auch eins hanes mist, gesotten in essig, dar ůber binden. |

50v [15] feder statt federspil A.

Wan*n* das federspil vngerugig ist uff der stangen oder uff der hende.

| WEre das federspil vngerugig uff der stangen Oder uff der hant, 1491 23–25 sol man die bittern mirren sieden in wasser. Vnd mit dem wasser sol man im sein ganczen lip besprengen. Vnd zů nů̊n malen sol man sin aß dar jn stossen. |

Wan*n* das federspil den krampff hät.

| WAnn das federspil den rampffen oder den krampff hat, so sol 1491 26–29 man sin aße stossen in bifuß safft. Vn*d* mit warmem lamßblut sol man jme sin fů̊ß ryben oder mit warmem win, dar jnn nesseln gesotten sint. Vnd in den selben sol man sin aße auch duncken.

Vor die lůse des federspils.

| ISt das federspil lusig, so sol man ne*m*men wermut safft Oder 1491 34–35 wasser, dar jnn wermůt ge-//sotten sy, vnd damit sol man jne 51v besprengen die federn ůber den ganczen lip an der so*n*nen. |

Wan*n* das federspil den stein hat.

| HAt das federspil den stein, so sol man jme geben veißt milch, 1491 36–38 smalcz vnd buttern zů essen. Man sol jm auch geben zů essen die hercz von den kleinen vo̊gelin, gedunckt in puluer von dem krut, das da heisset epff.

Wan*n* man das federspil veist wil machen oder mager.

| WJl man das federspil veist haben, so sol man es eessen von 1491 40–42 eim stier Oder von einem jungen barg oder eber. Wil man es aber mager haben, so sol es essen junge hů̊nre, mit wasser fůcht gemacht. Wil man es aber mittel messig haben, so sol man jm geben alt hů̊nr.

---

7 veist beist wil A. 51v

10 jungen statt junge.

Wie man das federspil zů der beiß bereiten sol.

1492$^{1-3}$ | WAn*n* man das federspil bereiten wil zů der beiß, so sol man es stellen an ein finster stat vnd ein klein lucern vor jm brin*n*en laßen. Vnd an dem andern tag sol man da mit beißen. |

Wil man, das das federspil hasen vnd kůnglin vache.

1492$^{4-7}$ | WAn man wil, das das federspil hasen oder kůnglin fahe, so sol man es dar zů wen*n*en, so es jung ist. Vnd man sol sie dem feder-
52r spil an das bein binden einer spa*n*nen wit da uon. So gewunt // es, das es sie facht. Item sequitur. |

Wie der wild habch bald zů beraiten ist.

1492$^{7-14}$ | DEr wild habch wirt dester ee zam vnd beraite, laßt man jne fasten. Vnd die wile das federspil jung ist, so sol die stat, da hin man es stelt, wede*r* zů kalt noch zů warm sin. Vnd ist das federspil ein junger habch, so sol man dar jn legen salbey, bymenten oder widen bletter. Dar nach sol man jne stellen vff ein tennen oder selchen stangen. Vnd wan man dem jungen federspil zů trincken gibt von dem blůt der vogel, so wirt es da uon starck vnd manlich vnd begirig zů der beiße. Vnd ist gůt, wan*n* man es eßt, das man es bade mit kaltem wasser. Vnd die flugel sol man jme nit vil begriffen, es were den*n*, das sie jme hiengen. |

Vnd da mit hat der ander teyl diß buchs ein ende, der da sagt von den habchen vnd sperbern.

Der tritteyl diß buchs, der da saget von den pferden, ist geteilt in zwey capitel. Vnd wa von die sagent, fint man nach einander ordenlich geschriben.

Das erste Capitel saget, wie man uß vier dingen die guten pferde erke*n*nen sol, vnd das man hie zů lande fuͤrderlich vierley pferde findet, die sich auch in vierley wiße bewegen mogen, vnd wa mit man die pfert fuͤrtern sol.

Das ander Capitel saget von den gebresten vnd // den 52v
suchten der pfert vnd was ercznye man dar zů tůn so̊lle.

Das erst Capitel.

Wie man die pfert erke*n*nen sol.

| IN dem ersten Capitel deß dritten teils diß buchs Jst zů dem 1377[24]–1378[7]
ersten zů wissen, das man die guten pfert vß vierley dingen mercken vnd erkennen mag. Das erst ist die gestalt vnd lidmäß. Die sol also an einem recht geschickten pferd syn. Das gůt recht geschickt pferd sol haben einen starcken, dicken lib, vnd die

---

[2] cappittel das sagt C; diese Zeile fehlt FH. 52v

[3] Überschrift fehlt BFHJK; die gůten pferd C.

[4] In disem ersten C; Nvn jn dem ersten H; deß dritten teils diß buchs fehlt BJK; des statt diß D; zů dem ersten fehlt BJK.

[5] dingen fehlt BJK.

[6] soll statt mag BFHJK; die gestalt vnd lidmäß. Die sol also an einem fehlt K.

[7] an einem rechtgeschaffen (rechtgeschickten JK) pferd also geschickht sein BJK; vnnd (nemblich BJK) statt Das gůt recht geschickt pferd sol BHJK.

[8] pferd fehlt F.

hohe dar an sol glich messig sin der dicke vnd der starcke. Die syten dar an so̊llen lang syn vnd der hinderteil sol sin sinwel. Vnd der gancz lib sol beettig sin vnd erhoht von dem mußbraten. Die bein sollen starck sin vnd di*r*re vnd glich von dem knů ab bis uff die hůfe one knorren vnd geswulst. Vnd die hůfe breit vnd dick vnd vornen sinwel abgescherpfft vnd vnden hole, doch also, das das pferde glich da mit růrt. Vnd welchs pferd die gestalt vnd lydmaß nit enhat, das ist nit fur ein recht gût pfert zû achten. Das ander, dar durch man ein recht gût pfert mercken vnd erke*n*nen sol, vnd die hůbsche an dem gutten pferde lyt dar an, das das pferd sol haben einen kleinen kopff nach lydmaß des ganczen libs. Der sol auch dirre sin, also das die hut glich uff den beinen ligt. Vnd die augen dar an sind groß vnd ligent vor dem kopff. Vnd die
53r // oren sint kurcz vnd spiczig vnd für sich gestertz. Die naslocher sint offen. Vnd die sol das gût pfert gancz in das wasser stossen, so es drinckt. Der kopffe ist hinden erhocht vnd die mene dar an

---

9 dor zû statt dar an BJK; sol fehlt H.

10 dar an so̊llen fehlt BJK; syn fehlt BJK; sol sin fehlt BJK.

11 sol . . . sin fehlt BJK.

12 an statt ab B; ab fehlt D.

13 den huff one BFJK, die füsße vnd one C statt die hůfe one; one knorren vnd geswulst. Vnd die hůfe fehlt H; vnd one geschwulst BJK; Die hüffe süllen sin brayt C.

15 aber diß BJK, auch die FH statt die.

16 nit guet für H; zû fehlt J.

17 nemblich statt dar durch man ein recht gût pfert mercken vnd erke*n*nen sol, vnd BJK; recht fehlt CH; wol mercken C.

18 ist die hůbsche die lit dar an C; hübsche die D.

19 ganczen fehlt H.

20 das fehlt K.

21 sind fehlt BJK; daran groß sein D.

53r 1 sint fehlt BJK; das statt die H.

2 sint fehlt BJK; gût fehlt B.

3 er statt es A; Item der kopf BJK; ist fehlt BJK.

sint dick. Vnd der swantz ist dick, groß vnd lang. Vnd der gancz lib ist sinwel, mit stercke wol gevestent. Vnd welichs pferd auch die hůbschkeit nit an jme hät, das ist auch nit fur ein hůbschs pferd zů brisen. Das tritte, dar durch das gůt pfert zů loben vnd zů mercken ist, Jst die geperde des pferds. Vnd die geberde des gutten pferts lyt dar an, das es kůne ist vnd mit den fůßen scherret vnd es winhelt, recht als ob es mit allen glidern erzyttere. Es lat sich auch balde uß der strewe von der růge tryben. Vnd so es nach der arbeit in den stal kompt, so felt es balde nyder vnd welgert sich vnd schickt sich zů der ruge. Vnd welches pfert dise geberde an jm nit hat, das ist auch nit fůr ein recht gůt pfert zu achten. Das vierde, das da zů loben ist an einem pferd, ist die farbe. Vnd die gůt lobliche farbe an dem wilden pfert, die ist eschfarb mit einer dunckel swarczen linien oben durch den rucken von dem kopff an byß zů dem swantz uß. Aber an den heimschen pferden

---

[4] sint fehlt BJK; ist statt sint H; Von der swantz ist dick C; doran statt ist B; ist fehlt JK.

[5] ist fehlt BJK; vnd weliches pferdt diß stückh nit an jme hat, ist auch nit zůpreysen BJK.

[6] recht hubsch FH.

[7] ain gůt C; vnd zů mercken fehlt BJK.

[8] Für Jst die geperde bis scherret stehen die Worte leydt an der geberd das es geschertzig sey (ist JK) vnd schart mit den füssen BJK; des gepärd H.

[9] geherczt statt kůne FH.

[10] glich statt recht C; ob fehlt K.

[11] füren statt tryben B.

[12] nyder fehlt BFHJK.

[14] an jm fehlt C; ist nit für gůt zuachten BJK; auch fur (nit fehlt) F.

[15] da fehlt C; an eynem guten pferdt zu loben ist statt das da zů loben ist an einem pferd BJKL; das ist die farb C.

[16] loblich farb an eym pferd ist da. An den wilden pferden ist da loblich eschenfarb C.

[17] (oder strichen B) die do geet durch den rucken oben von dem (Rucken oben B) statt oben durch den rucken BFHJKL.

[18] haydnischen statt heimschen L.

findet man swarcz, wiß, rot vnd ander manigerley vermist farben, | die von jne selbes nit vil betuͤttent uff die guͤte oder bosheit des
53v pferds, Es sy dan andre gutten oder boͤße zeichen da by, // dar durch man das gut oder boͤße pferde furderlich erkennet. Dar vmb, wie boͤße die farbe ist, hat das pfert da mit ein gut gestalt vnd lidmaß vnd ist auch hůbsch, So ist es besser, dann hett es ein gut farbe vnd hette nit guͤtte der gestalt, der hůbschkeit oder
1378[11–30] der geberde. | Es ist auch fůrbaß zů wissen, das man die pfert hie zů land findet in vierley wiß. Die ersten sind groß stechRoß vnd sthryt pferd. Die heissent zů latin dextrary. Vnd den sol man nit uß werffen, wann sie werdent dar durch verzagt. Vnd die selben grossen stechroß oder stryt pfert hoͤrent gern pfiffen vnd seyten spil vnd das gedone vnd den schall von dem harnasch. Vnd ir art ist sonderlich, so man sie dar zů went, das sie springent vnd den spicz an einem strit brechent mit bissen vnd slahen. Vnd sie hond auch ir herren vnd ir doͤner also lieb, wann sie die verlieren, das sie vnder wilen fastent vnd nit essen wellend. Vnd vnderwilen so

---

[19] manigerley fehlt B.
[20] des pferds fehlt H.
[21] dan fehlt K; oder boͤße fehlt C; da by fehlt BH; darnach statt Dar durch H.
53v [1] gut oder boͤße fehlt H.
[2] (wie wol B, wol F) die farb boß von jr selbs ist BFHJKL; vnd hat doch BJKL; da mit fehlt BJKL.
[3] oder lidmaß B; auch fehlt BJKL; ein fehlt BJKL.
[4] nit gut gestalt (vnd lidmaß BL) oder geberde BJKL; hette fehlt H.
[5] fůran BJK, furo F statt auch fůrbaß; auch fehlt H; guten pferd F.
[6] vilerlej statt vierley B; groß fehlt B.
[7] schryt pferd AD.
[9] jetzgenanten (yeczgute JK) pferdt statt grossen stechroß oder stryt pfert BJK; streittrospferd D.
[10] vnd schall der (des JK) harnasch BJK.
[11] wo statt so B; die statt den JK.
[12] vnd mit slahen BFHJK.
[14] nit me FH; so fehlt BJK.

fliessent jne dar vmb die augen, Als ob sie weinten. Vnd das tůnt sie auch vnderwilen, Als die philosophi vnd meister schribent, wan*n* man den strijt uff der syten, do sie syent, verlieren sol. Auch dar uß wiß sagent etlich, die das wissent, das sie oben oder vnden ligen sǒllend. Die ander pfert sind, die man heisset reissig pfert. Die sind gůt zů ryten. Vnd den sol man auch nit monichen vnd // uß werffen, das sie da von nit verzagt werde*n* vnd swer. 54r
Die tritten pfert sint wetlǒffer. Vnd die sint zů lauffen vnd zů fliehen gut, vnd den monichet man vnder wilen, das das geeder dar durch fůcht verlib vnd nit zů di*r*re werde von der hicze des louffs. Die vierden pfert sint die gemeinen karch pferd, die zů karchen vnd leste zů tragen gůt sint. | Vnd die vierley pferd hond ein vnderscheid an gestalt, an hůbschekeit, an geberde vnd an der lenge des lebens nach den lande*n*, dar jnn sie gefallen. Wan*n* in einem lande, Als jn vngern, jn Cecilien, jn hispanien vnd jn

---

15 dar vmb fehlt BH; jre statt die BJK; das fehlt H.

17 daru*m*b wen*n* F; streit verloren hat auf der seytt*e*n, darauf sy seind H.

18 ob statt Das BHJK.

19 sind, die man heisset reissig pfert fehlt H.

20 zw dem Reytten, Dye man hayst Raisige pferd H; die statt den BHJK; monichen vnd fehlt H.

21 oder außwerffen JK; verzagt vnnd (oder H) schwer werden BFHJK.

1 das sind C; vorlauffer statt wetlǒffer B; sein gut statt sint BJK. 54r

2 der flucht statt fliehen FHJK; gut fehlt BJK; die statt den BFJK; darvmb daß das C.

3 vnd nit zů dirre werde von der hicze des louffs fehlt K.

4 Bauern pferdt statt karch pferdt B; sint die gemeinen karch pferd fehlt D.

5 lust zu tragend F; vilerley statt vierley B; hab*e*n dy pfard statt pferd hond H.

6 an hubsch vnd statt an hůbschekeit BJK.

7 leibs BHJK, libs C, leibes D, lobens F statt lebens.

8 vnd jn sicilien gefallen sie grosser, desgleichen jn hispanien vnd Denmarckh, vnd werden auch stercker, hübscher vnd elter daselbst BJK.

den*n*marck gefallent sie grosser vnd stercker vnd schoner vnd werdent auch elter da selbs, dan in andern landen. Vnd von einem yglichen land vnd gegent enphahent die pfert sonderlich arte vnd eygenschafft, die die pfert in einem andern lande oder gegent
1379[3–7] nit habent. | Es ist auch fůrter zů wissen, das vnder allem korn die pferd den habern aller gernst essent, er spiset sie auch aller bast. Dar nach ist jne gut kern oder fesen, aber gerst ist jn nit gůt, vnd rocken ist jne aller minst gut, als die meister schriben, wan*n* er gibt jn pleste vnd winde. Doch etlich, die die pfert uff den loff gern bald weißt machen wellen, siedent jne [tortucas] vnder dem futer, vnd da mit geben sie dem pferd ein falsch beiß feißte. // |

---

[9] der marck C, Marck D, der denn margk F, auch jn Tenn marckh H; hubscher statt schoner FH.

[11] gegen statt gegent A; sie ein B, sy dy K statt Die pfert sonderlich; eyn statt sonderlich FHJ. K hat nach dem Wort gegent mitten im Satz folgenden durch Unterstreichung gekennzeichneten Zusatz: So kumen jnn auch dauon fast vil ander geprechen, wen es gewynnet vn*ter*weilen davon vnt*er* der haudt die geschuere, die die haudt an manichen enden versern. Diese Bemerkung scheint am Rand der Vorlage gestanden zu haben, der der Abschreiber folgte. Da sie aber J fehlt, ist anzunehmen, daß K nicht unmittelbar von J abgeschrieben wurde.

[12] eyn eygenschafft F; die (die JK) andere(n JK) pferd statt die die pfert BJK; jn anderen landen H; vnd statt oder BCJK; gegen statt gegent A.

[13] füran BJK, furo F, fürpas H statt auch fůrter; der statt die K.

[14] am aller liebsten statt aller gernst B; wann er BJK; vnd statt er H; auch fehlt BJK.

[15] jne fehlt K; gueter khern oder vesen guot H; nit fehlt K.

[17] jne viell plest vnd (sein doch B) BJK; uff den loff fehlt BFJK; auf den kauf H.

[18] gern fehlt H; bald uff den kopff veist statt gern bald weißt F; wollen vff dem koipf (kopff JK) sieden jn rocken vnnder dem futer BJK; siedent jn das fůter D. Eine Übersetzung für das in der lat. Vorlage enthaltene Wort tortucas = Schnecken scheint in allen Texten zu fehlen. Die Lakune ist wohl von den meisten Abschreibern nicht bemerkt worden. Nur in den von x^6 abgeleiteten Handschriften (BJK) ist die Lücke durch das Wort rocken unzutreffend ausgefüllt.

Das ander Capitel, das da saget von den gebresten vnd suchten der pfert vnd was ercznye man da fur tůn sőlle. 54v

| IN diesem Capitel ist zů dem ersten zů wissen, das den pferden 1379[8–9]
gar vil gebresten vnd sucht, mee dan*n* andern tieren, zů fallent,
die eins her*r*en marstaller oder hůff schmid oder roßarczat wol
erken*n*en sol. Von den allen wil ich hie ordenlich nach ein ander
sagen. |

Wan*n* das pferd zů vil blutes hät.

| ZV dem ersten geschicht es, das das pfert zů vil fuls bluts oder 1379[10–87]
sust zů vil blůtes by jm hat. Vnd wan*n* das ist, so ribet es sich gern
an vnd sin mist smackt vast übel vnd der seych ist dick vnd
rot. Vnd hand vnderwilen trecher. Vnd wachsent jm vnder wilen
da uon über ganczen lib zwischen hut vnd fleisch kleine büllen,
die man baß griffen dan sehen mag. Vnd vnderwilen so gewint
es da uon die maßleide. Vnd für den gebresten sol man dem pfert
lässen an dem hals mit einer breiten flieden, der nit zů dick ist.
Vnd ist das pferd starck vnd jung vmb fünff jar, so mag man jm
dester mee lässen vff trů oder vff vier pfund swer oder sust vff
ein maße. Jst es aber ein fůlhin oder sust nit starck, so ist es gnug,
das man von jme laße ein halb pfund swer // Oder ein halb maß. 55r
Vnd wan*n* man die lesse Also an dem pfert vber gat, so komet
jme auch da uon sust vil ander gebresten, Wan*n* es gewint vnder-
wilen da uon vnder der hut die swern, die die hute an mengen en-
den verserent. Vnd vnderwilen wirt es da uon kreczig vnd sche-
bich vnd auch rudig. Vnd wan*n* es also da uon rudig worden
ist, so werdent auch gewonlich die andern pfert, die by jme jn
einem stal wonent, auch rudig. Vnd das beschicht entweders

---

13 rot. vnd die ougen sind ouch rot vnd habend vnderwilen trehern FHJK. 54v
17 mit an dem hals A.
21 anderhalb statt ein halb BFHJK.

darvmb, das die pferd ein ander mit den ze*n*ne juckent. Vnd wan*n* dan*n* der atdem vnd die speichel an dem einem fûl vnd böße ist, So wirt dar durch das ander auch vergifft vnd rudig. Oder es geschicht dar vmb, das sich die andern pferd ribent an die stat vnd an den barn, da sich das rudig schebig pferd vor an geriben hat. Wan*n* von dem riben des schebigen pferds so blibet ein boͤser flusß vnd dampff an der stat, da es sich hin ribet, da von das ander pferd, das sich an die selben stat ribt, vergifft wirt vnd schebig vnd rudig. Oder zû dem tritten male beschicht es dar vmb, das das schebig pfert durch seinen boͤsen atdem den lufft in dem stall boͤß macht. Vnd dauon werdent den*n* geleczt alle andre pferde, die jn dem selben stall wonent. Wan*n* die pferd sind von natur

55v heiß vnd fucht. Vnd dar vmb empfacht eins balde // von dem andern den gebresten, den das ande*r* an jm hät, recht als ein jung kint die roͤtte vnd die vrslecht vnd ander kranckkeit, die von boͤsem blut kompt, emphahet von einem andern kint, das sie ytz hat, wan*n* es by jme in einem gemach gewonet. |

Vor das vil blûten der pferd.

1379^{38}–1380^{7} | ISt es sach, das das blut zû vil fluͤsset von der wonden des pferts, So sol man nieman ein filcz vnd den ein wenig brennen vnd jn nessel safft stossen vnd vff die wonden seyen: so verstat das blût. Oder man mag den sch[w]ame, den etlich heissent vohen fist vnd ist sinwel vnd stuͤbet, wann man jne uff bricht, vnd etlich heissent jne wolffsblate*r*. Das puluer da von sol man vermischen mit swins mist, das zû feld graß gessen hät, vnd jn pflasters wise vff den wonden binden vnd iii tag dar uff läßen ligen. Vnd roß mist gestossen ist auch gut dar zû. Vnd puluer von einem alten sleyer jn die wonden geworffen stelt auch das blut. Vnd wan*n* das pferd wund ist oder geswer vnd offen schaden hat, so sol man es behûten, das der mone dar uff nit geschinen moͤge. Wan*n* des monen schin in die wonden ist dick ein vrsach gewessen, das das pferd da von gestorben ist. | //

Vor die geswulsst, die da heisset die schul. 56r

| DEm pferd geswellent dick die biller oben in dem munde vnd das fleisch an den zen*n*e vnd zwischen den zenn von ůberigem geblůte, Also das das pferde da von den habern vnd das fůter nit kůwen vnd geessen mag. Vnd wan*n* die geswulst groß ist, So sol man sie ein wenig bre*n*nen mit einem glüwenden ysen, das da vornen důnn vnd krum ist. Jst aber die geswulst klein, so mag man sie an einem ort mit einer flieden vff tůn, das das boͤße blut da uon geflieſsen moͤge. | 1380^{8-15}

Vor die geswulst, die da heisset fesen.

| ES wechst auch vnderwilen dem pfert ein geswulst jnwendig an den leffczgen gegen dem ortezan*n*. Vnd die selbe geswulst wirt gern da mitten swarcz vnd kompt gern von scharpffem futer oder von krut, das dem pfert in den leffczgen vnd jn dem kinreff lang gelegen ist. Vnd die selb geswulst hindert auch das pfert, das es nit recht geessen mag. Vnd etlich heissent sie die fesen. Die selbe geswulst sol man also vertriben. Man sol ne*m*men ein clein sinwel ysen, vnd daran sol man vornen machen einen kru*m*men scharpffen hacken. Vnd mit dem selben hacken sol man die hůt, da die geswulst jnn liget, da mitten uff rissen vnd sie da mit heruß-ziehen. Vnd dar nach sol ma*n* die hut, die uff der geswulst gelegen ist, mit einer // schere Oder mit eym messer sinwel absnyden: so wirt das pfert da uon gesund. | 1380^{16-25} 56v

Vor die geswulst, die dem pferd an dem rachen wechst, als klein werczlin sint.

| ES wachsent dem pferd vnderwilen j*n*wendig an dem rachen klein werczlin vnd zepfflin, Als sint die werczlin, die an dem gesoͤgten kleinen hůnd sint. Vnd wan*n* die selben zepflin großer sint dan*n* ein rocken korn, so hindern sie das pferde an dem 1380^{26-31}

---

[8] fliedem statt flieden A. 56r

essen. Vnd die selben werczlin Sol man auch mit kru*m*men scharpffen yssen vnd hacken dem pferd von dem rachen uß rissen vnd die hůte, die dar uff gewessen ist, mit einer schere eben absnyden. |

Von dem wolffs za*n*n.

ES wechßt dick dem pfert hinden an dem kinreff ein vnnaturlicher zan, den man gewonlich heisset den wolffs zan. Vnd wan*n* das pferd jne hät, so mag es nit wol zů ne*m*men an dem lip. Wan*n* er verslecht jme das essen. Vnd die beste erczny dar zů ist, das man jne mit einer zangen heruß brech.

Wan dem pfert die zung von bosen blut versert ist.

1380[32]–1381[10] | DEm pferd wirt dick die zung versert von bosem fulen blůte, das jn jm von bosem alten futer gewachsen ist vnd von hicz der brust über sich gestigen in die kelen vnd uff die zungen des pferds. Vnd deshalb, das sich die zung des pferds vast bewegen muß
57r vnd sie das biß vast nyder // druckt, So fület sie ee von sölichem bosem uff gestigem blut dan ein ander glid. Vnd wan*n* dem pfert an der zungen also we ist, So hat es dicken slyme dar uff ligen. Vnd die hut oben dar uff ist als ob sy verbrůt sy. Vnd der selbe slym flußet dem pferd uß dem munde heruß. Vnd die adern vnden an der zungen werden da uon swarcz. Vnd vnder wilen solich bose fule blůt jn dem pferd flüsset vnder sich in die bein. Vnd wan*n* das geschicht, so mag das pferd kom*m* daruff geston. Das wee der zungen sol man mit ercznie also vertriben. Zů dem ersten sol man den slym vnd die verbrůt, versert hute von der zungen wol schaben. Vnd dar nach sol man ne*m*men zwen löffel vol salcz vnd vnder einander wol vermischen vnd stossen. Vnd dar vnder sol man auch ein knoblauchs heubt wol vermischen vnd da mit die zungen des pferts wol ryben. Dar nach sol man die zwo

---

56v [17] zwangen statt zangen A.

57r [10] zween loffel voll ruß vnd ein loffel vol saltz BFJK.

adern, die da vnden an der zungen sind, ryssen. Vnd an dem vierden oder fuͤnfften tag dar nach sol man dem pferd an dem halß läßen. Vnd wer es, das das boß blut vndersich in die bein geflossen were, als vor geschriben ist, so sol man dem pferd vnder try oder vier tagen lässen vff allen vieren oberthalb des fußes jnnwendig vnd vßwendig. |

Wie man dempfert den kopff mager vnd dürre machen sol. //

| WJl man, das dem pferde der kopff mager vnd dürre werde, so 1381^{11-14} 57v
sol man jne, die wil es vnder syben jare*n* ist, dick mit kaltem wasse*r* weschen. Wil man aber, das dem pferde der hals dick werde vnd das hare dar uff wachse, so sol man jme dick vff den schultern mit warmem wasser weschen. Vnd das hare sol man jme dick mit den henden zeisen.

Wan*n* das pfert den hals nit hin vnd her bewegen mag.

| ES geschicht dick, das das pferd den hals one grossen schmerc- 1381^{17-22}
zen nit hin vnd her bewegen mag vnd das es auch nit wol essen mag. Vnd ob es ysset, das tut es doch mit snappen vnd zucken. Vnd das geschicht gewonlich, wan*n* dz pferd uff dem rucken vnd vornen uff dem rist swer getragen hät vnd das jm da von die harwachß vnd die adern an dem hals erstarret sint. Vnd das sol man also wenden vnd vertriben. Man sol den halß obnen vnder den menen an fuͤnff enden mit einer gluwenden sûlen durch brennen. Vnd durch die gebrenten loͤcher sol man ziechen strick, von pferds har oder von hanff oder von flachs gemacht. Vnd die sol man fuͤnffzehen tag dar jnn laßen. Vnd ye by der wile sol man sie hin vnd her ziehen, das der fluß dester baß von den loͤchern ry*n*ne. Vnd das bre*n*nen sol man // wißlich tun, das die walten 58r
wachß vnd dz geeder dar durch nit verstert werden. Etlich die bre*n*nent das pfert allein vff der lincken syten oben uff der hoͤhe des halses an vil enden, Also das der brand nit durch geet. Vnd die

stossent keinen strick durch den brand. Doch wie man den brand tuͤe, es sy durch den hals oder sust, so sol man fuͤnffzechen tag nach ein ander alle tag nach dem brand den hals vnd die schultern des pferds mit warmem wasser wol weschen vnd beyen. |

Vor die geswulst, die dem pfert wechßt zwischen hut vnd fleisch als ein kuͦche.

1381[34]–1382[9] | DEm pfert wechßt dick vnderwilen von boͤsem gebluͤte vnd von boͤssen fluͦssen, die zwischen hut vnd fleisch sint, ein geswulst zwischen hut vnd fleische. Die ist als ein kuch. Vnd die selbe geswulst wirt dem pfert vnderwilen auch von starcken slegen, da von das fleisch geleczt wirt. Vnd die selbe geswulst sol man also ercznien. Man sol die hut mitten vff der geswulst uff schnyden. Vnd an den orten, da sie ein ende hat, sol man sie wol truͤcken, das das boͤse blut vnd der fluß wol dar von ry*n*ne. Vnd dar nach sol man ein sail dar durch ziehen vnd die hute byß vff die gesund hut sliczen. Vnd was man dar jnn boͤß fuls fleisch findt, das sol man hin weg we*r*ffen. Vnd den schaden sol man fuͦllen mit wercke.
58v Vnd das sol // man alle tag tun, biß die wond zuͦ gehelt ist. Vnd besorgt man sich, das die geswulst wider wachse, wan*n* dan*n* das geschicht, so sol man die hut wider uff schnyden vnd die fulen fluͦße mit den henden heruß wol trucken. Vn*d* dar nach sol man jm läßen an beyden teylen des hals an dem ersten, an dem siebenden, an dem nuͦnden vnd an dem fuͦnffzehenden tag. Vnd die leße sol man fuͤrsichtiglich tun vnd sol dar jn ansehen den fluß, der die geswulst macht, vnd ander ding, die an der geswulst hanget. |

Vor die geswulst, die da heisset das fig oder die figwarczen.

1382[10–24] | ES wechßt vnderwilen dem pfert vßwendig uff der hut ein rot oder blaw geswulst, die da ist als ein gruͦn, zytig fig. Vnd dar vmb heisset sie auch das gefig oder figwarcz. Vnd wechßt von uͦberigem bluͦt, das da ist zwischen hut vnd fleisch. Vnd das selbe gefig oder figwarczen Sol man also ercznyen. Zů dem ersten, ist der hofer des figwarczen vnden by der gesunden hut vnd nit oben vff breit, so sol man die hut, da er breit ist, vff schnyden. Vnd das loch mitten dar jnn sol sinwel syn. Vnd dar nach sol man legen zwischen den figwarczen vnd die gesunden hut einen zehen teig, gemacht vß wissem mel oder uß letten, mag man den // teig nit 59r gehaben, vff das die gesund hut da uon nit geleczt werde. Vnd dar nach sol man machen einen kuchen von gruͤnem krut, das da heisset andorn, gestossen vnd gewermt vff einem warmen ziegelstein oder vff einem breiten warmen yssen. Vnd das selbe kůchlin sol man also warm legen vff die figwarczen. Vnd wan*n* es kalt wirt, so sol man ein ander warm kůchlin von dem andorn dar uber legen. Vnd das sol man als dick vnd als lang thuͤn, biß die figwarcz an facht wiß zů werden. Dar nach sol man machen ein kuchlin von bro*n*nen kreße, der vast gruͤn ist, vnd von einer rinden eins nußbaums. Vnd die selben kuchlin sol man gewermt drucken vff die vigwarczen, als lang bys der hofer vnd die hohe dar an sich nyder setzt vnd glich wirt der gesunden hute. Vnd dar mit sol man den fulen fluß wol laußen von den vigwarczen fliessen vnd rynnen. Dar nach sol man die figwarczen fůllen mit puluer von vngelestem kalg oder von kriden, da mit man das berment macht. Das eczet sie hin weg. Oder man mag den figwarczen bre*n*nen biß uff das gesund fleisch vnd an die gesunden hut mit einem yssen, das da glich ist als der figwarcz. Vnd in dem brennen sol man sich wol huͤten, das kein harwachß oder kein mußbrat oder kein gleich dar durch geleczt wird. Vnd dar nach sol man eins frischen // hanes mist oder tuben mist, mit seiffen 59v gestossen vnd vermist, vff den brand wol binden vnd dar uff zwen tag laßen ligen. Dar nach sol man den schaden des tages ein male salben mit der salbe, die man macht vß fuͤnff stucken, von der hie nach geschriben stat, wie man sie machen sol, oder sust mit einer andern salb, biß das der schade heile wirt. Vnd dar nach, so er geheilt ist, sol man die stat, da der schade gestanden ist, mit kaltem

1382^{16}–1383^{4} wasser weschen. || Wer es aber, das die figwarcz oben breit were nach
der lenge vnd nach der breyte, vnd wer vnden nach der gesunden
hut enge, so sol man nemen einen syden faden oder ein boͤrst oder
ein hare von dem swancz eins jungen fůlhins, dz noch nit zů
gelässen ist. Vnd dar uß sol man machen einen strick, da mit man
den figwarczen vnden, da er eng ist, wol binden sol. Vnd wan*n* der
strick sich entwint, so sol man jn baß stricken, als lang byß der
figwarcz da uon hin weg geeczt [wirt]. Vnd wer es, das der figwarcz
wider wichs, so sol man ein circkel von einem teig oder von
letten legen in die figwarczen zwischen ir vnd der gesůnden hut.
Vnd dar nach sol man sie vff schnyden vnd warmen honig dar jn
giessen, wan*n* der reniget sie gar wol. Vnd man sol lugen, das
der honig dar uß nit fließ uber die gesund hut. Vnd ůber ein klein
60r wil sol man den ho//nig heruß stricken vnd den circkel hin weg
tun vnd den schaden heilen, als vorgeschriben ist. Wer es auch,
das der selben figwarczen vil wuͤchsen an einem pferd, so sol man
jme laßen nach siner gelegenheit. Das ist nach dem es jung oder
1383^{5}–^{10} alt, starck oder swach vnd des fluß luczel oder vil ist. || Vnd weren
an der stat, da die figwarczen sint, vil harwachß, So sol man sie nit
weschen mit kaltem wasser, wan*n* der walten wachß ist selbs kalt
von natur vnd schadent jme alle ander kalte ding. Vnd wer es
sach, das ein walten wachß wer durch den figwarczen gefůlt vnd
geschediget worden, also dz man jne můst hinweg tun, So ist
weger, man snyde jne hinweg, dan*n* das man sust dar jn steche.
Wan*n* stechen in den harwachß bringet grossen smerczen, der da
das heilen mee hindert, dan*n* das gancz ab snyden, Es wer dan*n*,
das der harwachß als groß wer, das man jne nit gancz hinweg
snyden soͤlte oder moͤchte. Vnd wa es geschech, das der walten-
wachß an dem pferd gestochen war, so sol man jn beyen mit
warmem baum oley vnd honig zů samen vermist. Vnd man sol ein
pflaster dar vff machen vß lorber vnd Romschem ko*m*mel, vermist
zů samen mit honig. Vnd das loch des stichs sol man als lang offen

59v [14] wirt fehlt A.

halten, bys das eyter vnd die fuͤchtikeit nit mee da uon fliessen. Wer auch die waltenwachß sust zurknist vnd geleczt mit einem stein oder mit // einem sweren andern ding, das dar uff gefallen 60v were, So sol man jne wol beyen mit warmem wasser vnd mit eschen. Vnd dar nach sol man jn wol salben mit einer salb, die da hicziget. Wer es aber, das durch den stein das fleisch verwondet were vnd die wonde eytter hett, dar nach der zurknist harwachß etwas an gehabt hett zuͤ fuͤlen, so sol man legen in die wunden vnd dar uff ein pflaster, gemacht von bonen mel oder von gersten mele, vermist vnd gesotten mit honig. Wan*n* das selbe pflaster subert die wunden vnd gelegt den schmerczen. Vnd ein pflaster, gemacht von honig vnd attich wurczeln vnd ybsch wurczeln vnd des krutes wurczel, das da bletter hat gar nahe als die recht rebe vnd flichtet sich hoch uff an die zuͤn vnd an die baume vnd hat zů dem ersten wiß blumen, dar nach werdent rote bere, dar uff das selbe pflaster gelegt vff den zurknisten vnd verleczten harwachß, stilt vnd geleget den smerczen. Wer es auch, das dem pferde ein walten wachß uber zwerchs enczwey geschniten wer mit einem messer oder sust durch ein ander snident waffen, so wechßt der waltenwachß nit gern wider zů samen, man hefft jne dan*n* zů samen mit einem siden faden, Als man an dem menschen tůn můß. Vnd nach dem hefften sol man dar uff legen regen wuͤrm, gestossen vnd vermist mit honig, wan*n* das selbe heilt den walten wachß gar wol vnd stillet den smerczen, so man es warm dar uff leget. | //

Wie man die adern an dem pferd, so es not tut, enczwey schnyden sol. 61r

| ES ist zů wissen, das man an dem pferd recht als an dem menschen dick die Adern, die zů vil flůß vnd bluts tragent, zů den augen oder zů den fuͤssen Oder sust zů andern schwachen gelidern uber zwerchs entzwey snyden muß. Vnd wan*n* [man] die 1383 30–44

[5] geschwachen statt schwachen A. [6] man fehlt A. 61r

adern also entzwey snyden wil, So sol man die stat, da man die adern enzwey wil snyden, zů de*m* ersten mit warmem wasser beyen vnd das hare dar nach abscheren vnd die hut wol mit den henden ryben, Also das man die ader ein wenig gesehen moͤge. Vnd dar nach sol man die hut uff der adern uff heben vnd sie uff snyden nach der lenge der ader. Vnd die ader sol man scheiden vnd schelen von dem fleisch vnd sol man sie offen mit einer fliedemen, Jst das sie groß sy vnd vil gepluͤtz hab. Vnd des plutes sol man ein gut teil da uon laßen fließen. Vnd dar nach sol man sie vnder fuͤrn mit einem kleine*n* holcz. Vnd sol man sie hirheben zweyer finger breit vnd sol sie dan an beyden orten der zweyer finger breyt mit einem weichen faden wol verbinden vnd sie laßen also verbuͤnden ein halben oder einen ganczen tag. Dar nach sol man sie an beyden orten hinder dem faden absnyden. Vnd die ort sol man da*n* brennen mit eym yssen. Vnd das mittel zwischen den abgesnytten orten sol man hu̍bschlichen, wa*n* es gefült,
61 v // heruß tuͤn. | Also tunt gewonlichen die pfert arczt. Aber mich duncket sicherer sin furbluten, wa*n* man die adern also an zweyn enden mit dem faden verbunden hat, das man sie zwischen den zweyn banden entzwey snyde. So strupfft sie an beiden orten hinder sich vnd mag nit bluten, wa*n* die bande belibent da*n*noch an den orten vnd bedarff man der ort nach dem bre*n*nen nit absnyden. Vnd man sol da*n* da mitten zwischen den zweyn ver-

---

61 v Am oberen und am linken Rand der Seite 61 v sind von einer anderen, aber kaum jüngeren Hand in Kursive folgende zwei Rezepte eingetragen: It*em* wiltu mache*n* ain vir (?) den*n* rapp*en* den pferd*en*, so nim spongruͤn, lebendig*en* schwebel, yeglichs ain fierdung, kegsilber ij löt, schwinin schmaltz ain pfund, bömoͤl ain fierdu*n*g vnd czerlauß dz oͤl vn*d* dz schwinin schmaltz vnd dz kegsilbe*r*, doch dz der kegsilbe*r* vor sy geloͤst in dem schwinin schmaltz vnd där nach dz alles zů same*n* tůn vnd ruͤr das ym*m*er dar biß das kalt w*ir*d. so tůn ain wenig wachs där czů vmb der dicku*n*g wege*n*.

Niemen*n* glett by den haͤfner v*n*d kalch, den lesch mit ain*er* loug vn*d* niem die zway stuck zů same*n* vn*d* wu̍rf ain saltz där yn*n* vnd dz es ain taig werd vn*d* strichs dem roß an wä Jr woͤll*en*d.

bonden orten fleisch machen wachsen. Vnd wan*n* das geschehen ist, so sol man dan die feden heruß senfftiglichen ziehen. So ist man furter von dem fleisch, das da zwischen gewachsen ist, des bluts sicher. Vnd also tun ich, so ich an einem menschen ein auder entzwey snyden wil vnd sol.

Wan*n* das pferd uff den schultern in die harwachß oder mußbraten geleczt oder gestochen ist.

| WEr es, das das pferd uff den schultern jn die walten wachß 1384$^{4-17}$ oder in die mußbraten geleczt oder gestochen were mit eim sporn oder sust, da uon die stat geswollen wer vnd das pfert da durch grossen smerczen hett, Als dan all wonden vnd verseru*n*ge in den walten wachsen vnd in den mußbraten großen smerczen bringent, so sol man zů dem ersten die geswulst oder die stat, da der stich jnn ist, scheren vnd dar nach sol man sie mit warmem baum oley oder mit zurlaßen speck wol vnd dick salben. Vnd sol man dar nach dar uff legen vnd binden ein pflaster, gemacht von wermut blettern wol ge-//stossen vnd mit milchsmalcz vermist. Vnd das 62r loch des stichs sol man ettwan*n* lang offen halten, das das eytter oder das fůcht gewesser dar uß gefliessen mogen. Wan*n* man es zů stunde ließ zů wachsen, so mőcht dem pferd grőßer smercz vnd schade da uon ku*m*men. Wer es aber, das die geswulst alt were vnd lang one ercznie gestanden, So sol man sie hubschlichen an den zwein orten uff snyden vnd ein seile dar durch ziehen. Vnd das seil sol man ye zů wilen ruren vnd hin vnd her ziehen, das das eiter vnd der vnflat dar uß fließ. Doch sol man das seil hůbschlich jn stossen vnd ruren, das dar durch kein walten wachß versert werde. Wer es auch, das das pferd an dem hals geswollen were, da uon das es uff den schultern oder an den syten gestochen oder sust versert were worden, so sol man jme an der brust ein seil stoßen vnd nit nahe by der schultern. |

---

23 gemacht von wermut bletter vnd (oder von F, vnd von JK) attich blettern 61v BFJK.

Vor die geswulst des pferds, wann es dieff gehauwen ist.

1384^{18-28} | DAs pferd geswilt gern, wann man es tief gehauwen hat vnd kalt wasser in die locher gegangen ist von der hicz vnd der bewegung des pferts vnd es dar nach zwen oder try tag one arbeit vnd sweiß geruͤwet hat. Vnd die selben geswulst sol man also vertriben. Zů dem ersten sol man sie wol beyen mit attich, mit liebstuͤckel vnd mit wermut, also das das pfert an der geswulst
62v dar // durch swiczen werde. Dar nach sol man rucken kligen vermischen mit win hefen oder bier hefen oder mit attich safft oder mit holder bletter safft, Also das ein pflaster dar uß werde. Vnd das selbe pflaster sol man binden uff die geswulst. Vnd dar nach ist es nott, so sol man jm zwey oder druͤ seil stossen zwischen die schultern vnd der wuͤste subtiliclich vnd fuͤrsichtiglich, das die harwachß, der da geet von der gemacht mitten von dem buch jn die bruͤst des pferts Oder die groß ader, die da ist an der seyten, dar durch nit geleczt oder versert werde. |

Wann das pfert vnder dem gurt von vbergurten geswelt ist.

1384^{29-34} | WEr es, das das pfert zů lang oder zů fast geguͤrt gewest were, Also das es da uon vnder den gurten geleczt vnd geswelt were oder das die groß ader an der syten klein gestochen vnd gehauwen were, das das blůt dar uß nit gerinnen moͤcht vnd das pferd dar durch da selbst ein geswulst ůber kommen hett, so sol man vber fünff tag, so die geswulst ytz ersworen ist, die hut dar an uff snyden vnd mit den fingern das eiter vnd die boͤse fuͤchtikeit dar uß trucken vnd dar nach zů heilen. |

Vor die rot hiczig geswulst des pferts, die etlich die radbuͤlen heissent.

$1384^{35}-1385^{2}$ | ES vber kompt das pferd dick ein Rott geswulst, die etlich die radbuͤlen heissent, die groß vnd wit ist in der hute vnd jn dem

fleisch vnd ist vast //hiczig vnd klopffend die adern dar jnn gar 63r
fast. Vnd die selbe geswulst kompt dick, so das pferd wont oder
gestochen ist in die harwachß oder jn die mußbraten Oder so es
grossen schaden vff dem rucken oder an den syten hat. Sie kompt
auch vnderwilen one vsserlich verleczung des pferdes von jnn-
wendigen boͤssen fluͤssen, die sich an ein stat also samelnt vnd ein
geswulst da selbs machen. Vnd dar vmb sol man zů dieser ge-
swulst, sie ko*mm*en von usserlicher oder jnnwendiger sach, kein
ercznie tuͤn, die da hicz bringen mag. Sonder alle erczeny, die
dar zů gůt ist, die sol kulen vnd stillen die vngestemikeit der hicz
der boͤsen fluͤße, die in der geswulst sint vnd sie gemacht hand.
Doch so sol die erczny an dem anfang vnd an dem zů ne*mm*en
der geswulst mee kuͤlen, dan*n* so sie an dem groͤsten oder an dem
abnemen ist. || Vnd wer es, dz die geswulst von ůberigem hiczigen 1385[17–22]
boͤsem blůt komen were, so sol man an dem ersten dem pferd lassen
vff der andern syten vnd nit vff der syten, da die geswulst an ist.
Doch hett die geswulst ettwie lang gewert vnd wer nit an dem
anfang, So sol man dem pferde laßen an der syten, da die geswulst
an ist. Vnd hett die geswulst als lang gewert, das die hicz vnd der
smercz dar jnn ettwas gelegen were vnd die fluͤße dar jnn ycz hert
weren worden, Also das man sie mit erczny nit wol verzeren
mocht, So sol man dem pfert, wan*n* es warm // vnd geůbt ist, 63v
ein vintusen vff die selben herten geswulst seczen vnd die dar nach
dieff schrepffen vnd bicken vnd die bicke dar nach heilen als slecht
wonden. | Wer aber die geswulst nit von dem blut, Sonder sust
von andern hiczigen, galligen fluͤßen ko*mm*en, So mag man das
läßen vnder wegen laussen vnd die geswulst sust ercznyen mit
hußwurcz vnd mit nacht schaden vnd mit roß oͤle vnd mit violoͤle
vnd mit andern solichen ercznien, die da kulent vnd den smerczen
legent. | Man mag machen ein pflaster, das da gut ist gemeinlich 1385[30]–1386[13]
zů allen geswulsten vnd besonder zů den Radbulen vnd hiczigen
geswulsten, zů allen smerczen, zů allen brenden vnd zů allen
herten geswulsten, die da mit zů weichen vnd zů verzeren. Vnd

das sol man also machen. Man sol ne*m*men etwan*n* vil wermut, vnd die sol man vermischen mitt eyer tottern vnd als mit vil swinen smalcz. Vnd dar vnder sol man auch mischen gersten oder heberin mele. Vnd das alles also zů samen vermist sol man vff die geswulst legen, vnd in dem winter warm vnd in dem somer kalt. Es ist auch ein ander pflaster, das gut ist zů den vorgeschriben radbůlen vnd zů anderer geswulst vnd heilt die wonden. Das sol man also machen. Man sol nemen zwo maß rauchs honigs vnd zwo mäß wins vnd zwo alts swines smalcz, das nit gesalczen ist, oder ist es gesalczen, so sol man es zurlaßen vnd durch ein
64r duch syhen, wan*n* dar durch wirt es // gelutert von dem salcz. Wan*n* das smalcz also durch gesigen vnd erkaltet ist, so sol man den rohen honig vnd den win dar zů tun vnd dar vnder mischen gersten mel. Vnd das alles sol man uff die radbůlen legen: so hilfft es. Wan*n* man auch macht ein pflaster uß loch, des wurczel gedört ist vnd man jne jn swinen smalcz bregelt, So ist es gute, alle geswulst zů vertriben, da Auch die hut da*n*noch gancz ist, wa*n*n man es also warm dar uff legt. Vnd man mag auch noch ein ander pflaster machen zu den radbůlen vß dry maßen widers oder hamels mist, den noch kein wasser berürt hat, vnd uß zwein [maßen] safft von benedicten krut vnd als vil roher eyer totter vnd uß einer maß hamels vnstlyt vnd einer ruckens mels. Vnd die stucke alle zů samen vermischen vnd sieden vnd das alles also warm dar uff binden: so hilfft es. |

Vor die strenge des pferds.

1386[14–34] | DAs pferd gewint vnderwilen die strenge, das ist, das dem pferd die weg in der kelen vnd jn dem hals, dar durch der atdem gat, byß in die naslöcher dick, eng vnd verstopfft werden, dar vmb es auch fast hustet. Vnd kompt die strenge an dem pfert vß fulem, dickem wasser vnd auch uß fulem, bösem vnd dempffigem futer oder von dem futer, dar jnn vil staubs vnd puluers ist. Vnd kompt auch, wan*n* das pfert fast kalt wasser drinckt nach grosser arbeit,

64r 10 maßen fehlt A.

so es nit vil futers gessen hat. Vnd das geschicht sonderlich gern // zů winter zytten, so man es, nach dem vnd es kalt wasser nach der 64v můde vnd nach der arbeit getruncken hat, vnbedecket in einem kalten stall stellet. Die streng kompt auch gern, wan*n* das pfert lang missig stat vnd man jme zů vil zů essen gyt, Wan*n* dar durch samelt sich vngedo̊ter slym in den hals vnd in der brust des pferts, der die weg des atdem verstopfft vnd eng machet. Man sol dem pfert, das also die streng von den ytzgenanten sachen hat, nit laßen, der slym sy den vor jn jm ersworn vnd zyttig worden vnd sy jm durch die naslocher vnd zů dem munde heruß geflossen, Also das es dar durch furbaß mee nit huste vnd jm der atdem wyder gůt worden sy. Wan*n* laßt man jm dar über, so wirt das pfert der hicz des blutes beraubt vnd wirt der slym, der jm die strenge macht, dar durch noch kelter, grober vnd vnflüssiger. Doch hett das pfert über maßen vil bluts, so schadet jme die leße dester mynder. Die meister sprechent, das die streng das pfert do̊t, jst es, das man vnder syben tagen da mit arbeit. Die streng nympt auch ein ende in zwo̊lff tagen oder sie verwendet sich jn die sucht, die die walchen die morfel heissent. Vnd wan*n* das beschicht, so stat das pfert in sorgen. Die strenge ist auch ein suchtleme sucht, die das gesunt pfert von dem vngesunden mit dem atdem, so sie by einander in einem stall stand, empha-//hent. | 65r

| Man sol die strenge an dem pferd mit erczny also vertriben. Man 1386[36]–1387[31] sol ne*mm*en die rinden von dem erlen baum, der da wachßt by dem wasse*r*. Vnd die sol man ußwendig subern vnd scho̊n machen vnd die dar nach in einen nüwen haffen legen vnd ein lutter wasser dar an giessen vnd sie laßen sieden, biß das wasser gar nach jngesotten ist. So sol man dan*n* ein ander frischwasser dar an giessen vnd es auch laussen gar nach gantz jn sieden. Vnd zů dem tritten male sol man das aber tůn. Vnd dar nach sol man ne*mm*en als vil swines specx, als des wassers ist, das da an dem tritten sieden uberbliben ist. Vnd sol man sie durch ein ander vermischen. Vnd das sol man dem pferd giessen in die nas-

loche*r*, das es jme fuͤr den kopff fließ, mit eim trechter oder sust mit eym rore, wie man das zů wegen mag bringen. Vnd an dem jnngiessen so sol dem pfert der kopff sin ůbersich gebunden mit einer halffter. Vnd man mag dem pferd geben nesseln vnd ander krutter zů essen, die da hicz geben, das sich die flůße da uon dester ee verzeren. Vnd klien sint dar zů vast gut, wan*n* man jm sie gibt zů essen. Vnd ist es jn dem wintter, so mag man jme geben die klien mit bru*n*ne kreß gesotten jn eins teigs wise. Vnd wan*n* die strenge ko*m*men wer von kelte des kopffs vnd der hust duͤrr
65v were, so mochte man jme geben zů slinden ge-//sotten huswurcz mit wasser iii tag nach einand*er*. Vnd man mag auch jn die stroͤ legen rotten tosten vnd wissen tosten vnd ysopen vnd salbey vnd ander solich wol smackend hiczig krut, dar durch das pferd ein hicze ůber ko*m*men moͤge, die die flußе, die jm die strenge machent, verzeren, vnd sol jm jn geben, das es hiczige vnd lind vnd fucht mache, Als attich bletter vnd bru*n*ne kreß gesotten. Vnd etlich geben jne in dem futer fenugrecum, wan*n* das lindet vnd weicht die flůße, die die streng macht, gar wol. Man sol auch vff das pferd legen gewermt ziegel, gebunden jn fuchte tucher, vnd die yetzgena*n*ten kruͤter. Man sol auch den dampff von den kruͤttern gesotten dem pferd in die nasloͤcher laussen goͤn. Man sol jm das haubt wol bedecken, das der dampff nit neben abgang, sonder jn die naslocher. Man sol jne auch da mit lang dempffen. Vnd ob der dampff zů balde vff horte, so sol man jm das wasser, darjnn die krütte*r* gesotten sint, Also warm jn die naslocher giessen. Vnd dar nach mag man jme zů essen geben vnd in den halß stossen bappelwurczel, gesotten vnd gestossen mit milchsmalcz, das da nit gesalczen ist, oder mit swinem smalcz. Oder man mag jm geben ein můß, gemacht von bappeln blette*r* vnd von bru*n*nen kreßen. Man mag auch dem pfert fuͤr die strenge seil durch
66r den halß stossen ober der // gurgel, vnd sol ein seil von dem andern stan dryer finger wit, vnd sol sie als lang dar jnn laßen, biß sie selbs da uon fallent oder biß das pfert der strenge ledig worden ist. |

Vor den krebs des pferts.

| DEr krebs ist ein schad, der dem pfert die hute vnd das fleisch 1387$^{22-27}$ wyt hinweg ysset, vnd ist blau vnd dunckel far, wan*n* er kompt von swarczem, dickem, bŏsem blut dem pferd gern an die lefczen. Vnd wan*n* er also an dem leffczen ist vnd jne hin weg ysset, So sol man hanff samen wol derren vnd vast klein puluern. Vnd das puluer sol ma*n* uff den kreps seyen zwey male in dem tag, biß das pfert gesunt wirt. Vnd die wile man dz tut vnd das pfert also erczniet, So sol man den schaden behůten, das kein fucht wasser ode*r* sust kein ander fůcht ding dar uff ko*m*me. Man mag auch dem pfert dar fůr laßen an dem hals vff der lincken syten. |

Vor das zweng oder die fifeln.

| DAs pfert gewint etwan*n* das zwenge oder die fifeln, das ist, das 1387$^{28-43}$ jm bŏße flůß in die lenden oder jn die nieren fliessen vnd stechent es vnd machent das pfert lame da selbest. Vnd wan*n* dz geschicht, so felt das pfert nyder vff die erde vnd fliessent jm die bŏße fliesse fůrter zů dem herczen vnd stirbt dz pfert dick da uon jnn zwein stunden. Vnd der siechtag ko*m*met mee zů war-//men dan*n* zů 66v kalten zytten, wan*n* die hicz machet die fluß also fliessen. Man sol das pfert fůr den gebresten also ercznyen. Zů dem ersten, als bald dem pferde wee ist worden, So sol man jm laßen an der großen adern, die ist hinden zwischen den beynen, vnd an der ader, die da ist vnder dem swantz vier finger lang dar von. Vnd sol man des bluts gnug von jm läßen lŏffen. Vnd wirt das pferd da uon uber etlich tag nit gantz gesunt hinden uff den lenden, So sol man es bre*n*nen an zwein enden glich mitten vff den lenden. Vnd vff den brand sol man dar nach legen gesotten clee, vermischt mit speck. Da uon so wechßt das hare wider vff dem brand. | Vnd etlich schnydent die fifel hindern den oren. Das ist auch gůt.

Vor das horn vnd die herte vff dem rucken des pferts.

1387^{43}–1388^{11} | ES geschicht, das dem pfert das fleisch vff dem rucken oder das fleisch, das da uor da selbs versert ist gewesen, hert wirt als ein horn. Vnd das geschicht, so das pfert uff dem rucken geswollen ist von großem last, den es uff dem rucken getragen hät vnd man dar nach aber groß laßt dar uff leget, ee die geswulst vergangen ist vnd sich nyder gesetzt hät. Die herte, die ist als das horn, wirt dem pfert, auch wan*n* es uff dem rucken versert vnd geswollen geweßt ist vnd dar nach gesunt worden, vnd wan*n* man es dan*n* //
67r furter vast ridt, dz es uff dem rucken vast swiczen wirt vnd man jm den sattel bald dar nach abzucht, ee der sweiß vergangen vnd erkalt ist. Dar vmb es gut vnd loblich ist, wan*n* das pfert uff dem rucken vnder dem sattel vast geswiczt hät, das man jm den sattel zwo oder iii stund dar uff lat ligen, biß der sweiß erkaltet. Wan*n* auch die langen hare vß dem rucken vnd auch jn dem baner des sattels von dem sweiß zů samen gebacken sind oder sust ein hertes steinlin oder halczchin in dem baner zwischen dem här lyt vnd man es dar nach ryt, so wirt es dar durch vff dem rucken gedruckt vnd geswelt, vnd die selbe geswulst wirt auch dick hert
1388^{12-41} als ein horn. || Vnd ist es sach, das mit der herte, die also ist als ein horn, ee man sie mit ercznye hinweg getriben hät, ein rott hiczig geswulst, die etlich die radbulen heißen, von der vor geschriben ist, Ist dem pfert gewachßen, So ist das pfert gar swer zů heilen vnd stirbet dick da uon, ee es heil wirt. Die obgeschriben hert geswulst, die ist als ein horn, sol man also ercznyen. Zů dem ersten sol man das har dar uff abe scheren. Vnd ist die geswulst nit offen vnd ist auch die ro̊t hiczig geswulst, die die radbul heißt, nit dar zů geslagen, so sol man sie dicke bicken vnd schrepffen, das das bo̊ß blut her uß můg gon. Vnd were die geswulst alt, so sol man
67v sie dar vor vff zwo stond beyen // mit wasser, dar jnn epff oder nieswurcz oder muß ore oder hůnr dar*m* jn gesotten ist, das sich

---

67v [2] weichen statt weiche A.

dar durch das hert blut dar jnn weiche. Vnd nach dem beyen sol man ein pflaster dar uff legen, gemacht von attich vnd epff vnd holder bletter, gesotten in swinem smalcz oder jn win. Vnd dz pflaster sol wol gewermt vnd lind sin, so man es dar uff leget. Oder man mag dar uff legen ein pflaster, gemacht uß dem krut, das man heisset huͤnrdarm, vnd uß bro*n*ne kressen vnd rucken mele, vermist mit fier oder mit fuͤnff ayern. Dar nach sol man die huͤt uff der herten geswulst mit eyner gluwenden sulen an vil enden durch bre*n*nen. Vnd dar nach sol man dar uff legen vnd die geswulst bedecken mit einem linen tuch, das an der breite vier finger breyt über trifft die breytte der geswulst. Vnd dar nach sol man dan*n* nemen ein stuck specks vnd sol das stecken jn ein kluͤfft von eim heseln stab oder von widen vn*d* sol den speck anczunden, also das er die kluͤpfft abtrieff, vnd durch das duch, das da lyt uff der geswulst, treiffen in die loͤcher der geswulst, die mit der sulen gebrent sint. Dar nach sol man ein ander suber tuch uff das erst tuch legen vnd das pfert dar nach riten, biß es wol swiczen werde. Vnd dan*n* dar nach ist es not, so sol man das pferd mit einer feder in den speck, der jn der klufft also zurlassen ist, gestossen, salben vff dem horn Als // dick vnd als lang, biß 68r
man das horn heruß ziehen vnd schelen mag. Vnd dar nach sol ma*n* dar uff legen ein pflaster, gemacht vß wissen snecken, die gancz gestossen sint mit den snecken hüsern, biß es gesunt wirt. Vnd muͤste man dz pfert ritten, So sol man das pflaster her abe tun, vnd an sin stat sol man jn den schaden legen ein suber werck von hanff oder von flachs. Wan*n* das selbe werck subert vnd heilt alle offen wunden vnd schaden vnd wert, das ein ful fleisch dar jnn wachßen mag. Vnd ma*n* sol dar fuͤr sin, das das werck nit fucht werde von dem wasser oder von andern sachen, wan*n* so hett es die vorgeschriben krafft nit. |

---

[8] hie statt die A. 67v

Vor das ful fleisch, in der wonden deß pferdes gewachßen.

1389[1–10] | ES wechßt dick dem pferd ful fleisch jn synen wunden vnd offen schaden. Vnd das beschicht, wan*n* die wond oder der schade zů lang offen gestanden ist Oder so man nit ercznye dar zů tůt, die dar zu gehŏrt. Vnd das ful fleisch sol man erke*n*nen da by, das es über die wunden heruß gewachßen ist vnd dem andern gesunden fleisch nit glich ist, vnd so man dar uff grifft, das das pferde den griffe nit enpfindet. Vn*d* wan*n* das ful geil fleisch also über die wunden heruß gewachßen ist, So sol man es mit einem //
68v scharsach biß uff das gesunt fleisch hinweg schniden, es sy dan, das man es vor den adern vnd vor den walten wachsen nit hinweg gesnyden mŏge. Vnd wan*n* das ist, so sol man dar jnn legen die kleinen eytter nessel, die etlich heissent die krichesch nessel. Die selbe ysset das ful fleisch hin weg. Vnd dar nach sol man dar uff legen frischen ochsen mist. Vnd man mag auch dar uff binden biß an den tritten tag werck, durch eyers dotter gezogen. Doch ee man das daruff legt, so sol man den schaden ein wenig über faren mit einem gliewenden yssen. Vnd dar nach sol man dar uff
1389[11–23] legen salbey. || Man mag auch das ful fleisch one dz gluwend yssen hin weg etzen. Man*n* sol ne*m*men dry teil von vngelestem kalg vnd zwey teil von muscheln vnd ein tail salcz vnd ein teil hirß horn, vnd das alles sol ma*n* wol zů samen stossen vnd puluern vnd mit scharpffer laugen oder menschen harn sonderlich eins kints harn, sol man sie wol vermischen vnd einen teig als ein brot dar uß machen. Den selben teig sol man backen in einem offen. Vnd dar nach sol man jnn zů puluer stossen. Vnd das selbe puluer sol ma*n* des tages ein mäl vff dz ful gail fleisch werffen, so frisset es dz bŏße fleisch hinweg vnd macht wachsen ein gut fleisch Vnd wer es, das an eine*m* ende das gut fleisch in dem schaden ee
69r anfieng zů wachßen dan*n* an dem andern, so sol man uff // das gůt

68v [2] von statt vnd A.

fleisch, das da wechßt, werck legen, das da fucht gemacht ist mit speicheln, vnd an das ander ende, da das gut fleisch noch nit wechßt, sol man das genant puluer werffen als lang, biß an allen enden in dem schaden das gůt fleisch gliche wechßt. Vnd wan*n* es also anfacht zů wachsen, So sol man dar uff legen werck, durch buttern oder durch swinen smalcz gezogen, Alß lang byß das gut lebendig fleisch der hut glich hochgewachsen ist. So sol man dan*n* dar nach den schaden zů heilen, als ob geschriben ist, wie man die wunden an dem pfert heilen sol. || Es sprechent auch etlich, wann 1389[24–38] man mach ein puluer uß den beyn, die dem pfert an den beinen oder an der syten gestanden sint, vnd uß hirshorn oder uß eins widers horn oder uß alten solen, Also das von eim als vil ist als von dem andern, vnd man die puluer zů samen vermist, das das selbe puluer das bǒse fleisch auch hinweg ecze vnd die wonden wol trucken mach vnd heile. Vnd etlich tund zů dem ytzgenanten puluer roten tosten vnd eichen rinden. Můste ma*n* aber das pfert die wile ryten, so sol man pflaster vnd das werck herabe tůn. Vnd nach dem ryten sol man den schaden weschen mit warmem win oder mit gesalczem wasser, dar jnn tosten oder andorn oder attich gesotten ist. Vnd dar nach sol man von den ytzgeschriben erczny en eyn wider dar uff legen. Man macht auch ein pflaster, das // bǒß fleisch hin weg eczet, uß alter seiffen vnd ayer clar vnd 69v vngelestem kalg gepuluert. Vnd die stuck zů samen vermist in teigs wise vnd vff das bǒßfleisch gelegt, ysset es hinwege. |

Fůr den vß werffenden wurm an dem pferde.

| DAs pfert gewi*n*net auch dick den vßwerffenden wurm zwi- 1389[39]–1390[6] schen hůt vnd fleisch. Sonder man heisset den gebresten dar vmb ein wurm, wan*n* er kompt von flůssigem bǒsem blut, das da ist zwischen hut vnd fleische vnd frisset die hůte an vil enden vff, als obe sie ein wurme zurnagen habe. Dieser gebrest kompt auch vnderwilen, wan*n* das pfert an der hůte vnd in dem fleisch zurmǒrst ist von großen slegen oder von sweren dingen, die dar uff

gefallen sint vnd die hut vnd das fleische bla geslagen hăt, wan*n* man die vnder zwein menden nit heilt. Vnd kompt dieser gebrest gern an den enden des pferts, die etlicher măß hol sint, als zwischen schultern vnd uff den syten. Vnd wan*n* er jn den mußbraten wirt vnd in den harwachsen vnd in den gleichen des pferts, so ist er gar boͤse zů heilen. Den gebresten enpfacht auch ein pfert von den andern. Vnd dar vmb so sol ma*n* die gesunden pfert nit in den
1390a-28 stal stellen, dar jnn da stee das pfert, das den wurm hat. || Wan*n* man diesen gebresten mit erczny vertriben wil, so er in den mußbraten oder jn den walten wachsen oder in den geleichen ist, So sol ma*n* mercken, ob der wurm an dem forderntteil des pferts
70r sy. Vnd // ist er dan*n* worden von ůberigem, boͤsem blut vnd nit von der zurknystunge oder zurstossunge des fleisches von vsserlichen sachen, So sol ma*n* dem pfert laßen an dem hals. Dar nach sol ma*n* ne*m*men iii hant vol benedicten krut vnd als vil wegrichs vnd als vil agromonien vnd ein hant vol rettich wurczel. Vnd die stuck zů samen vermist, sol man ein wenig besprengen vnd fucht machen mit wasser vnd dem pferd jn geben zů essen. Vnd man mag ein pflaster dem pferde uff dem schaden legen, gemacht uß benedicten krut vnd uß rettich wurczel. Vnd der stuck sol eins als vil sin als des andern. Vnd die sol man mit alter seiffen oder mit honig vermischen in eins pflasters wise. Vn*d* wan*n* man das pflaster dem pfert ůberbinden wil, so sol man die har vor an dem schaden abscheren. Man mag auch dinten vnd kalg vnd seiffen vnd honig zů puluer bre*n*nen in einem scherben vn*d* das selbe puluer werffen in die wurmlocher morgens vnd abens. So werden sie da uon drucken vnd heilent. Wer es aber, das die wurmlocher zů vil eng weren, das man das puluer nit hin jn bringen moͤcht, so sol man sie etwas witer snyden mit einem scharsach. Vnd die wile das pfert den wurm hat, so sol man jme geben gersten stroͤ oder rocken stroͤ vnd keinen habern zů essen. Vnd ma*n* sol es auch behůten, das es nit vil wasser drinck. Wer
70v aber der wurme in dem fleisch vnd nit an den // obgeschriben

enden, so ist es besser, das man die loche*r* uff schnid byß an den grund, wan*n* das man dz pflaster uß wendig dar uff [leg]. Vnd nach dem uff schnyden so mag man den schaden mit einem gluͤwenden yssen bre*n*nen vnd dar nach uff legen ein pflaster, gemacht von gersten mel vnd von rochen eyerstottern oder von agrimonien vnd lauch zů samen gestossen. Etlich fuͤllent die wurm locher mit einem teig uß clien gemacht, vnd dar nach bre*n*nen sie die locher biß uff den grund mit eyner gluwenden suͤlen. |

Wan*n* das pfert zů vil geessen hat.

| ISt es sach, das ein pfert das futer nit kuwen noch essen wil vnd 1390[89]–1391[10]
stoßt es von jm vnd henckt den kopff nyder vnd begert vast zů trincken, so ist es ein zeichen, das es zů vil gessen hät vnd das der mag das noch nit abgedeuͤt hat. Vnd wan*n* das geschicht, so sol man das pfert vor drincken behuͤten, biß es das fuͤter verdeut habe. Das merckt man, wan*n* es dar nach schyssen vnd saichen wirt. Vnd behut man dz pfert nit vor drincken, so swelt sich jne jm das fuͤter, das es zů vil geessen hat, von dem trincken vnd zurbrist vnd erstickt da uon oder es gewint dar von die duͤnn schyssen, die jm fast verfangen tuͤn wirt. Wer es aber, das es jn einem oder jn zwein tagen schysse oder seichte, so sol man ne*m*men zweyteil attich wurczel ode*r* holder vnd ein teil ha*n*nen fuß wurczel vnd ein teil bappeln wurczeln. Vnd die sol man jn wasser sieden. Vnd nach dem sieden sol man es durch syhen vnd dar nach dem pfert geben zů trincken. Vnd nach dem // trincken sol man es 71r
ein wenig arbeiten, das es warm werd. Vnd dar nach sol man es bedecken. Vn*d* wer es, das es jn sechs stunden nach dem drincken nit schysse, so sol man jme aber von dem obgena*n*ten wasser geben ein kopff vol zů trincken. Etlich stossend dem pfert die hant in den ars vnd ziehend dem pfert den mist vnd das vngedeuͤwet fuͤter heruß. Aber das ist zů grob vnd hilfft nit als vil als das ander. Wil ma*n* dz pfert vor dem obgenanten bresten behuͤten,

---

[2] leg fehlt A. 70v

so ist es gut, wan*n* dz pfert gearbeit hät, das man jm vor ein wenig heůs oder stros gebe, ee man es drencke, vnd gebe jm dar nach ein wenig futers ein hant vol oder iii nach ein ander, also das man jme vff ein male nit zů vil gebe, als lang biß es ein wenig hungerig wirt vnd das futer mit lust begint zů essen. Vnd were der haber etwas důrre, so sol man jne ein wenig besprengen vnd fůcht machen. |

Vor die wurm in dem buch des pferts.

1391[11–33] |WAnn dem pfert wůrm in dem buch wachsen, so sol man sie dar by erke*n*nen: Das pfert das welgert sich von einer syten zů der andern vnd die hindern fůß slecht es an den buch, als ob es sich da mit kraczen welt, vnd sin har uber ganczen lib strubeln sich uber sich vnd stand uff recht. Vnd das pfert ist vnd wirt megerer da uon, dan*n* es vor gewesen jst. Vnd kompt man dem pfert nit balde zů hilff, so durch nagent sie jme die derm vnd
71v stirbet das pfert dauon. Die wurm wachsend in dem // pfert von bősem futer, so man jme das zů nit gnug zů trincken gibet Oder so das wasse*r* auch bőße ist vnd fule, dauon das pfert trincket. Die wůrm in dem pfert sol man also vertriben. Man sol nemmen das gederm von eym jungen hůn vnd die also warm vnd gancz dem pfert in den hals stossen vnd jm den kopff ůber sich heben, als lang biß es die derm hin abe geslindet. Vnd also sol man sie jm geben iii morgen nach eyn ander. Vnd dar zwische*n* sol man jm nit vil geben zů essen oder zů trincken biß in die nůnden stund. Vnd man sol ein hant fol holders vnd ein hant fol bircken wol sieden in wasser. Vnd das selbe wasser sol man syhen vnd dem pferd dauon geben zů trincken. Vnd wil es da uon nit trincken, so sol man jms jn den halß giessen, dz es hin abe slinde. Etlich vermischen dem pfert jn sin futer sefen baum vnd gertwurtz vnd pfrymen krut vnd lassent es dauon essen vnd gebent jme zů trincken gesalczen wasser. Etlich ne*m*ment try oder vier

71v [15] trinckent statt trincken A.

hant vol rockens vnd legent es jn wasser ein stund. Vnd dar nach legen sie den rocken uff das ertrich, da der wint nit hin ko*m*men mag. Vnd wan*n* der rock begi*n*net zů wachsen, so snyden sie iii morgen alle mal ein hant vol da uon vnd geben jm das. | Auch ne*m*men etlich ein hant vol seckel kruts mit salcz gemist. Ist dem pfert auch gut fůr die wůrm.

Wan*n* das pfert nit stallen mag. //

| ISt es, das das pfert nit stallen mag vnd ist nit als frölich, als 1391[34]–1392[10] 72r es gewonlich ist, vnd ist jm der buch zurblewet vnd zurswollen, so ist es zů besorgen, das das pferde sterbe. Vnd der gebrest geschicht dem pferd gern, So man es an dem ryten über ridet vnd nit lat stallen, so es jm not tut. Er ko*m*met auch gern, so man das pfert nach großer hicz zů stund erkeltet vnd an ein kalt stat stellet. Den gebresten sol man also vertriben: Man sol ne*m*men ein hant vol swertel wurczel vnd ein hant vol attich vnd ein hant agrimony vnd ein hantvol epffen krut oder clee vnd die stuck alle wol sieden mit luterm bru*n*nen wasser. Vnd von dem gesotten wasser sol man dem pfert zwen köpff vol in den hals giessen vnd es lässen hin abe slinden. Dar nach sol man es ziechen vff dem feld hin vnd her, als lang biß es swiczen werde. Vnd dar nach sol man vnden an dem buche sonderlich by dem gesc[h]röt mit den henden snelliclich vnd vast riben. Vnd sol man es auch furen an die stat, da die pfert vast geseicht habent. Vnd das sol man dick tůn, biß es seichen wirt. Vnd dar nach sol man es eyn wenig graß essen läßen vff einer wysen oder by fliessenden bru*m*men. Vnd ist auch hie zů wissen, So das pfert ye lerer jn jme ist, so es sich je me von einander dönet an dem seichen. Vnd dar vmb ein mager lere pfert sol man nit zů stund nemen nach dem denen an dem seichen, wan*n* dar durch so mocht sich die walten wachß jn jme

---

16 überzähliges ader nach rockens A.

18 fliessen statt fliessenden A. 72r

vnd die gleich verrucken. Vnd dar vmb sol man es sich nach dem
72v denen wider // recht laßen seczen vnd die glider wider recht in
einander stellen, ee man es renne. |

Wan*n* das pferd kreczig ist an der hůt.

1392^{11-41} |DAs pfert wirt dick kreczig an der huͤte. Wan*n* das ist, so
jucket es sich vnd bisset sich selbs mit den zenen vff der hůte vnd
stat gern uff, recht das es sich selbs also gekraczen vnd bissen
moͤge mit den zenen, da es die hut jucket. Vnd kompt der gebrest
von bosem, verbrenten geblůt, mit slym vermist, vnd besonder an
dem herbst, so man das pfert uber arbeit hat vnd es bald dar nach
laßt rugen, vnd wan*n* man es auch nach der arbeit vnd nach dem
swiczen nit bedeckt des nachtes, vnd jme dar nach auch den sweiß
nit abestricht. Das kraczen vnd dz jucken ko*m*met dem pferd auch
von kelte, wan*n* man es nach großer arbeit vnd nach dem swiczen
zu stund vnbedeckt an ein vast kalt stat stellet vnd lat es dar jnn
stil stan vnd rugen. Vnd das kraczen vnd jucken facht sich dem
pferd zů dem ersten an an dem hals vnd werden jm da selbs kleine
bletterlin vnd clein swerlin, vnd die flechtent vmb sich uff der
hůt uber ganczen lib. Vnd fallent dem pferd die har an den
selben enden da uon uß. Vnd fuͤrkompt man es nit, so wirt das
pfert da uon balde gantz gryndig vnd rydig. Vnd diesen gebresten
sol man also vertriben. Man sol jm zum*m* ersten laßen, ist es, das
das kraczen vnd jucken von ůberigem boͤsem verbrenten blůt
ko*m*men ist. Vnd mit dem blůt sol man es riben vnd bestrichen
73r an den enden, da es kretzig ist. Vnd an dem drytten// tag sol man
es weschen mit laugen, die da gemacht ist von gersten, zů puluer
gebrant, vnd wasser dar durch dick gesigen, als man sust laugen
macht. Man mag es auch wol weschen an den enden, da es
kreczig ist, mit starckem bier oder mit starckem wasser, dar jnn
andorn vnd bircke oder wuͤterich krut vnd die korner von
epheü, das da an den muren wechßt, vn*d* die est vnd die tolden
von attich, die da noch krefftig vnd frisch sint, gesotten sind, vnd

das pferd da selbs mit einem strigel wol kraczen vnd strigeln. Vnd dar nach, so die stat, da man das pfert geweschen, drucken worden ist, so sol man es da selbs an dem andern tag salben mit eyner salbe, die man also machen sol: Man sol ne*m*men die roten wurcz von den krut, das da etlich heissent rorworcz oder lidwurcz, vnd die wurczel von dem krut, das da wůterich heisset. Vnd die selben wurczel sol man sieden mit dem obgeschriben wasser, da die krůter jnn gesotten sint, als lang biß sie weich worden sint. Vnd die ober rind, die da weich ist, sol man zurstossen vnd mit swinem smalcz vermischen vnd das pferd da mit salben an der sonnen oder by einem fůr an den enden, da es kreczig ist. Man*n* mag auch nemen brun*n*e kreße vnd anderen vnd die kruter mit růß wol stossen vnd vermischen vnd da mit das pfert an den enden, da es kreczig ist, wol ryben. |

Wan*n* das pfert gryndig vnd ridig ist.

| DAs pferd wirt auch dick rudig, also das von den ruden schůp- 1392⁴²–1394¹⁰
pen fallent, vnd kompt von fulen bősem, v̇berigem blůt vnd von allen den sachen, da von das jucken vnd kraczen kompt. Es enpfacht // auch ein pfert die ruden von dem andern, wan*n* sich das 73v
rudig pfert an das gesunt ribet oder wan*n* sie mit eynander essent Oder wan*n* das gesunt pfert ysset uß dem barn oder rauffen, da uor das rudig pfert uß gessen hät, Oder so man das gesunt pferd strigelt mit dem strigel, da mit man das rudig pferd vor gestrigelt hät, Oder so man es mit dem wischtuch wischet, da mit man das rudig pfert gewischt hät. Die ruden an dem pfert sol man also vertriben. Zů dem ersten: ist die rud groß, so sol man dem pfert lässen. Dar nach sol man es mit einem strigel vff den ruden wol strigeln, biß das blůt etwas heruß dringe. Vn*d* dar nach sol man es mit eyner gutten laugen wol waschen. Die sol man also machen: Man sol ne*m*men iii teil eschen von eschym holcz vnd zwey teil hůlsen von bonen stro vnd eyn teil lebendigs kalgs. Vnd die stuck sol man zů samen vermischen vnd jn einen laug haffen, der

vnden lechericht ist, wol zů samen drucken vnd das wasser dar ůber giessen. Vnd wan*n* das da durch gesigen ist, sol man [es] jn ein geschirre fahen vnd behalten. Vnd wil man wissen, ob die lauge scharpff gnug sy, so sol man eins hunes ey an eynen faden dar jn hencken. Vnd blibet es also dar jnn swi*m*men, das es nit zů grund felt, so ist die laug scharpff gnug. Felt es aber zů grund, So ist sie bose vnd nit scharpff gnug. Vnd wan*n* man das pfert mit dieser laugen weschet, so sol man dar von syn, das die laug nit ko*m*me an die ende, die da gesunt sint, wan*n* sie freß die hare vff der hute
74r hinwege vnd verserte die gesunden // hut. Vnd wan*n* die stat, die man vor geweschen hät, von der laugen drucken worden ist, So sol man sie salben an der son*n*en oder gen eynem fůr mit einer salben, die gemacht ist vß gepuluertem swebel vnd alůn vnd der swarczen nießwurcz, also [das] eins iglicheß sy ander halb pfund, vnd uß dem krut, das da heisset roß swantz, vnd uß quecksilber, iglichs iii lot, vnd uß swinem smalcz iii pfund. Vnd die salb sol man uß diesen stucken also machen: Man sol das quecksilber vermischen mit ein wenig swinem smalcz, biß das es sin farbe verloren hat. Dar nach sol man das puluer mit ein wenig swinen smalcz darvnder vermischen vnd sol die salb behalten vnd da mit salben die ruden, als vorgeschriben ist. Man mag auch ein oͤle also brennen, das da heilt die ruden. Man sol ne*m*men die nydern rinden von einer bircken vnd sol sie wol subern vnd jn kleine stůcklin zurschnyden vnd sol die legen jn einen nůwen haffen, der da vnden iii oder iiii loͤcher hat. Vnd den haffen sol man oben wol decken vnd jn seczen mit dem boden in einen andern vergleßten haffen. Der sol sin in die erde gegraben, Also das sin oberreiff der erde glich sy. Vnd dar nach sol man letten mit pferts mist wol zů samen beren vnd damit sol man die hefen an den enden, da sie jneinander gant, wol verkleiben, das kein dunst oder dampff an dem bre*n*nen dauon gen moͤge. Vnd sol man da*m* vmb den obern hafen, der da ob der erde stat, ein gůt

73v [16] es fehlt A. 74r [4] das fehlt A.

glut von guten kolen machen. Vnd so gat ein oley von der // hicze von dem holcz, das da ist in dem obern hafen, in den vndern hafen. Vnd das selbe oley sol man wol behalten vnd damit die ruden salben. Man macht auch ein ander oley vß hirßhorn vnd uß eschem holcz vnd uß holder marck vnd uß dem safft des wilden apffel baums vnd vß den rinden des hagdorns, der da swarcze ber tret, dar uß ma*n* dinten macht. Vnd das oley bre*n*net man auch jn zwein hefen in aller der mäß, als von dem vorgeschriben ole gesagt ist. Vnd diß oley ist vast gůte fur die ruden des pferds vnd zů aller verseru*n*ge an der hůte. Vnd da mit sol man dz pfert salben iii oder iiii mal. Vnd wan*n* man das pfert da mit gesalbet hat, so sol man es behůten biß an den nůnden tag, das die salbe nit abegeweschen oder abe geriben werde. 74v

Wan*n* das pferde ein v̇ber beine hatt.

DEm pferd wechßt auch dick ein ůberbein an den enden, die da durre sint vnd da uß es sich vast bewegen můße, als an den beynn vnd in den gleiche*n*, wan*n* von der hicz, die da kompt von der bewegung, fliessend die flůß in die glider, die sich also bewegent. Vnd die selben flůß belibent also stil ston vnd werdent als hert als ein bein. Vnd von dem ůberbein wirt das pfert auch dick hincken. Vnd man mag nu*m*mer bas gesehen, das dem pferd ein uberbein gewachsen [sy], als so man jme die bein wescht. Wan*n* von dem weschen so fallent die hare uß ein ander vnd sicht man dan*n* bescheidenlich die // hohe von dem ůberbein by den gleichen. Vnd dz gleich an dem bein, da by das ůber bein wechßt oder wachsen wil, ist hicziger dan*n* an dem andern gesunden bein. Das ůberbein sol man also v*er*triben: man sol das har dar uff abscheren vnd dar nach sol man das ůberbein wol salben vnd riben mit dieser nachgeschriben salben, die man macht uß fůnff 1394[17]–1396[8] 75r

[7] vngeschriben statt vorgeschriben A. 74v

[18] hircz statt hicz A. [20] sy fehlt A.

[5] fůnfft statt fůnff A. 75r

stucken. Vnd sol man auch die salbe vff das ůberbeyn mit hirshorn oder mit buchßbaume wol binden, das sie dar jn wircken vnd gesmelczen moͦg. Vnd die salbe uß fuͤnff stucken sol man also machen: Man sol ne*m*men von altem smalcz von einem swin vnd sonderlich von eym eber ii teil, eyer smalcz, das man macht uß herten eyers tottern, klein gestossen vnd gebregelt in eyner pfannen ober dem fuͤr, biß das das smalcz da uon gät, so man sie uß truckt, vnd ii teil honigs vnd eyn teil vngelutertes wachß vnd ein teil harcz vnd fuͤnff teil loroles. Die funff stuck sol man, zů samen vermischet, vff ein fuͤr seczen vnd sie laßen zergan vnd zuͤr smelczen. vnd dar nach sol man sie durch ein tuch syhen vnd strichen, vnd wan*n* es kalt wirt, behalten. Vnd da mit sol man das ůberbein wol salben vnd riben, als hie nach geschriben stet. Vnd wan*n* das ůberbein ist in dem gleich, so sol man es nit bre*n*nen, als etlich tuͤnd, oder ein ecze*n*t pflaster dar uff legen, wan*n* durch das bre*n*nen vnd durch das eczen werdent dicke die harwachß vnd die adern in dem gleich geleczt, das das pfert dar
75v durch erlamet. Man sol es // also hin weg tůn, wan*n* es in den gleichen ist. Man sol das har uff dem ůberbein zů dem ersten wol abscheren. Vnd dar nach sol man jne das ůberbein an vil enden mit einer kleinen sůlen stechen. Dar nach sol man ein stab spalten vnd in den spalt legen in ein flechsen oder ein henffen tuch. Vnd in das tuch sol man lege*n* widers mist vnd ein wenig salcz vnd dar jn verknupffen. Vnd den knopff mit dem mist vnd mit dem salcz sol man stossen in warmen honig oder jn milchsmalcz vnd swinen smalcz, glich vil zů samen zurlaßen. Vnd sol man jn uff das ůberbein wol drucken mit dem zurspalten stabe als lang bis die hut mit dem ůberbein gerat, wiß zů werden. Vnd dar nach sol man das ůberbein sieben tag behalten, das kein wasser dar uff ko*m*me. Zů vertriben auch das ůberbein mag man ne*m*men zwey teil lebendigs kalgs vnd ein teil von scharpffer seiffen vnd ein teil salcz. Vnd die stuck sol man wol zů samen stossen. Vnd sol man sie legen in eyn tigel vff die kolen vnd sol sie zů puluer bre*n*nen

vnd das puluer legen vff die hute des ůberbeins vnd sol es warm dar uff ein nacht binden vnd tag. Vnd die hůt des ůberbeins sol man an vil enden schrepffen. Doch so sollent die har dar uff vor ab geschorn sin. Vnd dan*n* sol man ne*m*men ein stuck leders vnd ein loch mitten dar durch schnyden, nit wyter dan*n* das es das ůberbein begriffen mőge. Vnd das ůberbein sol man also dar jnn fassen vnd dan*n* das yczgenant // puluer daruff legen. So 76r
macht das leder, das dz puluer uff dem ůberbein bliben můß vnd mag nit verseren die gesunde hute, die dar vmb ist. Vnd wan*n* man das puluer wider abe tůt vnd das ůberbein hinweg da uon geeczt ist, So sol man den schaden bestrichen mit honig vnd sust mit einer salbe, biß es die hut wider zů heilt. Etlich scheren das hare uff dem ůberbein zů dem ersten abe vnd dar nach stechen sie in das ůberbein an vil enden mit einer warmen sůlen. Vnd dar nach mit eyner heseln růte, die nit zů groß ist, an der die rinde herabgeschelt ist, ribent sie lang vnd vast das ůberbein. Vnd dar nach legent sie dar uff iii tag nach ein ander eyn pflaster, gemacht uß eyers tottern hert gesotten also warm. Vnd wan*n* sie das pflaster die iii tag dar uff legent, so vmbfassent sie das ůberbein mit eym leder, das da mitten ein loch hat, dar jnn das ůberbein gefasset sol sin, als vor geschriben stet. Man sol auch machen fůnff snytz von eym rettich vnd die sol man wermen in einem scherben oder tigel. Vnd ye ein nach dem andern sol man uff das ůberbein binden vnd dar uff laßen ligen, Also wan*n* einer kalt wirt, das ma*n* den andern also warm dar uff binde. Vnd wan*n* dz ůberbein da uon verswonden ist, so sol man dar nach die hut zu heilen.

Wan*n* sich dz pfert her reicht hät.

I DAs pfert herreicht sich vnder wilen mit den hindern fůsen 1396[7–18]
von dem an ruren vnd her reichen des hindern fůß. Vnderwilen geswilt vnd wirt // das pfert dar durch an dem gan gehindert. 76v

---

[19] lebers statt leders A; ein stuckh leders von eynem alten preyß schuch (brischuch F, preysschuch J, preyßschuch K) BFJK. 75v

Man sol den gebresten also wenden. Zů dem ersten sol ma*n* das hare abscheren, da sich das pferd her reicht hat. Dar nach sol man jm dar uff schrepffen, das das geliffert blůt dar uß ry*n*ne. Doch in dem schrepffen sol ma*n* sich huten, das man die harwachß an dem knye nit versere. Vnd ist es, das der an reich nůwe ist vnd erste geschehen, so sol man nach dem schrepffen ein lebendigen han mitten uff dem rucken uff schnyden vnd also warm mit den dermen vnd mit dem jngeweide daruber binden. Jst aber der an reiche alt vnd lang gestanden one ercznye, So sol man ne*m*men die wurczel des krutes, das da heisset farn. Vnd die wurczel gestossen sol man mit honig oder mit butern vermist warm dar uff legen. Oder man mag ybsch wurczel weich sieden vnd sie mit smalcz vermischen vnd sie in pflasters wiß dar uͤber legen. Oder man mag ne*m*men zwen loͤffel vol swines smalcz vnd iii loͤffel vol růß vnd honigs vnd ein loͤffel salcz vnd ein wenig essichs oder bier heffen vnd ein hant vol henffes wercks oder flachß. Vnd die stuck alle zů samen gestossen vnd vermist sol man dar uͤber binden, biß das der smercz vergeet. Vnd vmb den anreich mag man klein lang brende tůn mit eynem gluͤwenden dunnen yssen, doch also, das den walten wachß vnd das geeder dar durch nit versere. Vnd dar nach vff die brende sol man binden eine*n* du*n*nen speck gewermt, biß die huͤte wide*r* heilt. Wer aber die hut zů vast verbrent vnd wolt von dem speck nit heilen, So sol man die brend salben mit der salbe, die man uß den funff stucken macht,
77r // von der obgeschriben ist. |

Wan*n* das pferd von kelte an den beinen erstarret vnd reppig ist.

1396[19]–1398[3] | DAs pfert erkaltet vnderwilen an dem geeder, so es durch das yse vnd den snee Oder sust durch vast kalt wasser gegangen ist biß uͤber die knie, Also das jm das geeder da uon erstarret, vnd hindert das pfert an dem gan vnd lauff, biß das es wider erwarmet. Dar vmb sol man die pferd zů winters zyten, so man sie trencken

wil, nit tieff in das wasser rytten. Vnd in dem su*m*mer sol man es tieff dar jn ryten. Dem pfert erschrindent auch dick die fuͤsse vnd werdent reppig, wan*n* man es in dem winter lang gerytten hät durch dz yse vnd durch den snee, vnd man es dar nach mit fuͤchten fuͤssen vnabgestrichen stellet in einen stal die gancz nacht uff bloß erde oder vff ein duͤnne stroͤ. Vnd wan*n* das pferd jung ist vnder sechs iaren, so fliessent jme dar durch das gebluͤt vnd die fließ in die hindern schenckel vnd gerinnent vnd machent dem pferd da selbs eine geswulst. Vnd vnderwilen werdent jme die fuͤß da uon, als ob sie jme mit einer fliedmen zurbicket weren. Vnd vnderwilen an dem anfang geswellen dem pfert die fuͤß nit dauon, aber das har an den fussen strubt sich uͤber sich da uon vnd stat uͤber sich gerackt Als die borste an einem swin. Vnd dieser gebrest wider fert dem pfert aller meyst in dem winter vnd an dem fruͤling vnd so der herbst ein ende hat in anefang des winters vnd selten in dem su*m*mer. Diesen gebresten sol man an dem pferd also wenden: // Zů dem ersten sol man das hare an den 77v
fuͤssen vn*d* zwischen den huͤffen abscheren. Vnd dar nach sol ma*n* die hut da selbs oben ein wenig mit einer fliedmen bicken nit tieff, das das geeder dar durch nit geleczt werde. Vnd vor dem schrepffen sol man jm die fuͤße mit einem warmen wasser wol beyen. Vn*d* nach dem schrepffen sol man ne*m*men zwo mäß lebendigs kalgs vnd zwo maß salcz vnd zwo [maß] kleins schons ruckens mels vnd zwo [maß] ruß. Vnd mit win vnd mit essig sol man sie zů samen vermischen vnd sie warm in eins pflasters wise dar uff binden. Wer es aber, das dieser gebreste veraltet were, So sol man das pferd hinden ober dem gleich der fuͤßloͤcher uff schnyden, das man den klein waltenwachß, den man da selbs vindet in eins gersten korns wiße, mit einem spiczigen holcz, das da gemacht ist als ein suͤle, vnder faren moͤge vnd jme heruß ziehen. Vnd wan*n*

[13] vnd abgestrichen statt vnabgestrichen A. 77r
[4] scherpffen statt schrepffen A. 77v
[6, 7] maß fehlt A.

es heruß gezogen ist, so sol man stossen wermut oder epff oder epffen wurczel vnd sie mit swinem smalcz wol mischen vnd vff ein werck in pflasters wise strichen vnd dar uff binden. Vnd die geswulst, die da ist vnder dem knuͤ vnd die dar an sint, sol man uff schnyden vnd offen. Vnder wilen wirt das pfert geleczt vnde*r* den huͤfe mit einem sweren stein oder sust mit eym ande*r*n sweren ding, also das das knuͤe doch da uon nit geswilt. Vnd gewint dardurch der huͤfe ein riße oder ein spalt, da uon ein stinckender

78r der boͤser fluß wassers fluͤsset. Vnd // den gebresten sol man also wenden: Man sol ne*m*men ein loͤffel vol honigs vnd iii loͤffel ruß vnd etwan*n* vil spi*n*nen wepp vnd nessel. Vnd sol man die stuck zů samen in eins pflasters wise vermischen vnd vff den schaden legen. Man mag auch ne*m*men gepuluert dinten vnd ii eiers dottern vnd ii lot mit bletter vnd die zů samen mit altem swinem smalcz vermischen vnd also warme uͤber den huff binden. Vnd dreck eins hundes, der iii tag bein vnd durre spicze gessen hat, dar uff gebunden ist auch gut. Etlich schnydent den huͤff vnd die hut dar vnder ein wenig uff, das der boͤse fluße da uon dester baß gerynnen moͤge. |

Wan*n* das pferd zů reche worden ist.

1398[4]–1399[14] | DAs pfert wirt zů rech, wan*n* es erst fuͤter gessen hat vnd man es dar nach vast vnd gehelingen rytet vnd man es lat dar uff kalt wasser drincken. Vnd dar vmb, das pferd da uor zů behuͤten, ist es gůt, wan*n* man es vast nach dem futer gerytten vnd gearbeit, das man es nach der arbeit nit drincken laße, es habe dan uor ein stund gerugt. Vnd dar vmb tund die wißlich, die jren pferden nach groͤßer arbeit geben iii oder iiii hant vol habers ein nach der andern, vnd gebent jme nit balde daruff zů trincken, sonder sie bedecken es, das es nit erkalte. Wan*n* man es nach der arbeit bald futert oder drencket, so wirt es da uon

[17] vnd statt vnder A.

78r [12] recht statt rech A.

zů reche oder kreczig an der hůte. Wan*n* nůn das pferd zů reche
ist, so gat es, als ob es vff kolen // gieng. Vnd wen*n* es still stat, 78v
so zitterent jm die bein vnd stat nit vff recht, Besonder es smuͤckt
vnd zucht sich zu vnd begert zů ligen vnd mag sich vor rechter
swere hinden von der erde nit uff richten. Vnd zucht man es
vornen mit dem zam oder mit der halfter, vff das es uff die knye
kompt, So sengt es sich hinden wider nyder. Fur die rech sol
man das pferd also ercznyen. Ist es an dem ersten tag, als es zů
rech worden ist, so sol man jm geben zů trincken rotel wurcz,
die die ferber nuͤczen, ein schussel vol, gepuluert vnd in dem
wasser vermischet. Oder man mag im geben das krut, das da
heisset tormentilla, gepuluert mit wasser, zů trincken. Vn*d* wirt
das pfert an dem andern tag da uon nit gesunt, so sol man jme
lässen an dem hals. Vnd sol man jme als vil blůts heruß lässen
lauffen, das es vor onemacht nider fallen wil. Vnd wan*n* das
blůt von jm laufft, so sol man es biß an das knie stellen in kalt
wasser vff ein stund. Vnd dar nach ii tag morgens vnd abencz
sol man es jn kaltz wasser biß an den buch vff iii stund stellen.
Vnd in den selben zwen tagen sol man jm nit habern zů essen
geben noch wasser zů trincken, Besonder man sol jm geben
stroͤ oder heuͤ, gefuͤcht vnd gesprengt mit wasser. Vnd sol es
stellen an ein kalt stat. Vnd an dem vierden tag sol man jm geben zů
trincken klien, mit lauwem wasser vermist. Vnd dar nach sol
man jm geben ye ein wenig zů drincken. Vnd wirt // es da uon bis 79r
an den tritten tag oder vierden nit gesunt, so sol man jm lässen
an beiden sleffen an der ader, die da ist zwischen dem kinbein
vnd den augen. Vnd man sol jm den kopff mit einer halfter
ůbersich binden, so man jme leßt. Vnd an den tagen, die dar nach
ko*m*ment, sol man jme tun als man yn vor nach der ersten leße
getan hat. Es ist auch fůr die reche gut, das man neme hůlsen
von gebrentem gersten stro vnd von bonen stro. Vnd sol man
dar vnder tůn eschen von holcz, bis es alles dick wirt. Vnd da uon
sol man ein laugen machen, die nit zů starck sy. Vnd dar nach sol

man ring von heu ode*r* stro machen vnd jm die in die laugen stossen, vnd dar nach dem pferd einen nach dem andern binde*n* von dem hůff an biß heruff an das knů, also das ein ring den*n* andern an růr. Vnd wan*n* das pferd an dem bein also wol mit ringen gebunden ist, so sol man jm etwas vnder legen. So senckt sich die reche hin abe. Vnd wan*n* das geschicht, so sol man jm den huf du*n*ne besnyden vnd die adern daran offen, das das blut dar uß fließe.

Fur das kurue des pferds.

1399[15–28] | DAs pfert gewint auch dick das kurue. Das ist, das es das knie krůmet vnd [nit] wol gebiegen mag an de*m* gan. Vnd das geschicht, wan*n* es geswollen ist an dem knie oder dar ůber von stossen, von fallen oder sust von flussen, die dar geflossen sint. Den gebresten sol man also wenden: Man sol zů dem ersten das hare abscheren.
79v Vnd die geswulst sol man an vil enden mit einer // flieden wißlich bicken, das der waltenwachs oder dz gleich da uon nit versert werde. Dar nach sol man die geswulst mit einem grůnen heslin stabe wol riben. Vnd die hute uff der geswulst sol man mit einem kru*m*men yssen wol uff heben vnd mitten in die geswulst einen kleinen faden biß vnden an das ende ziehen. Vnd mit eym scharpffen ysen sol man dar jn ein sinwel loch oder mee machen, das der boße fluße heruß geri*n*nen mőg. Vnd dar nach sol man den schaden riben mit scharpffer seyffen vnd mit salcz: so heilt er. |

Vnd als vil sy gesagt von den ercznyen, die den pferden gůt sind. Vnd da mitte hat das tritte teil diß buchs ein ende.

---

79 r 20 nit fehlt A.

Das vierde teil vnd der leßte diß buchs sagt von den hunden vnd ist geteilt jn trů Capitel. Vnd wa von die sagen, fint man hie nach ein ander geschriben.

Das erste Capitel sagt, was eygenschafft vnd arte die hunde gemeynlichen an jne haben.

Das ander Capitel sagt von den edeln hunden, wie man die erke*nn*en vnd ůberko*mm*en vnd erneren vnd auch gesund behalten sol.

Das trit Capitel sagt von den suchten vnd gebresten der hunde vnd wie man die mit ercznie vertriben sol.

Das erste Capitel, das da sagt, was eygenschafft vnd arte die hunde gemeynlich an jn hant. //

| NV in dem vierden vnd in dem leßsten teil diß bůchs zů sagen 1362[27–28] 80 r
von den hunden, ist zů wissen, das die hunde vnder allen andren tieren die eygenschafft haben, das sie one den menschen nit gesein mŏgen. Vnd den hant sie auch als lieb, das sie sin huß vnd sin wonu*n*ge behůten vnd durch sinen willen auch sterbent. | Vnd lauffent auch willigklich mit jren he*rr*en uff das gejegt vnd an die beiße vnd sust anderswo hin, wa es da*n*n iren he*rr*en gefellig ist. Vnd das thund sie besonder, so man jne lockt vnd sie ne*n*net mit iren eygen namen. | Sie habent auch die arte, wa*n*n sie selbs siech 1363[8–9]
sint, das sie von natur graß essent vnd ander kruter, da uon sie von jne brechen die bŏssen flůß, durch die sie siech worden sint. Vnd wa*n*n sie wund sint, so ist ir zunge von natur so heilbar, wa*n*n sie da mit die wunden lecken, das sie da uon heilet. Vnd wa*n*n sie die wunden mit der zungen nit her reichen mŏgen, so machen sie von arte mit der zungen den fůß fucht vn*d* furter mit dem fůß

[2] der statt die A. 80 r

bestrihent sie die wunden vnd werdent da uon heile. | Es ist auch
furter zů wissen, das die hunde vnder jne selbs von natur hant
ein groß vnderscheyd an gestalt, an der große vnd an dem adel.
Vnd als vnder den edeln hunden etlich klein sint, als die vogel
hund vnd die beiß hunde, vnd etlich groͤßer, als die jag hunde
80v vnd leyt hunde, vnd etlich noch // groͤsser, als die winde, Also des
selben glichen vnder den vnedeln sint etlich klein, etlich mittel
messig, etlich groß. Vnd so fer*r*e die vnedeln hunde dem adel
nit vil zů gehoͤrent, So wil ich hie allein von den edeln hunden
sagen. Vnd ist da mit zů wissen, das die hund nit allein von der
natur, Sonder auch von dem lande vnd von der gegen, dar jnn
sie geworffen vnd gewelfft sint, hant an den vor geschriben
stucken, das ist an der gestalt, an der große vnd an dem adel ein
großen vnderscheide. Vnd da uon kompt es, das die winde vnd
die andern edeln hunde in einem lande edeler vnd besser sint
dan*n* in dem andern. Vnd als vil gibt das lande vnd die gegen der
1362[28–30] natur der huͤnd zů, | das etlich meister schribent, das man in dem
lande, das da albania heisset, so starck hunde finde, die einen leuwen
oder einen helffant ůber winden, vnd achtent nit der wolff vnd
der bern. | Die meister schribent auch, das man jn jndien lande die
huͤntin des nachtes in die welde binde, dar vmb das sie lauffe vnd
sich vermische mit dem tier, das da heisset tigris, das da uß massen
snell ist, recht als die huͤntin hie zů lande lauffen vn*d* empfahen
von den fuchsen vnd wolffen. Vnd die hund, die von der huͤntin
vnd von dem selben tier ko*mm*en, sint so snel an dem lauff vnd
1362[35–37] so starck, dz sie den leuwen herlauffent vnd ůber winden. | Vnd
fuͤrt*er* ist zů wissen, das gemeinlich alle hunde blind geboren wer-
dent vnd blibent also blind biß an den nuͤnden tag. Vnd vnder den
81r jungen welffen, die also noch // nit gesehen, ist der der aller
edelst, der zů dem leßten an fahet zů sehen Oder den die muͤter
alle*r* erst vnder den andern zů dem nest vnd zů dem bett tregt. |

80v [1] den*n* statt den A.

Das ander Capitel, das da sagt von den edeln hunden, wie man sie erke*nn*en, ůber komen, erneren vnd auch gesunt behalten sol.

| ZV dem ersten vnder den jag hunden vnd vnder den leyd- 1363[14]–1364[8]
hunden so ist der aller edelst, der diß nachgeschriben zeichen an jme hat. Die oren sint jm lang vnd hangent, das mule vnd die nasloͤcher sint im wit geslytz, der oberlefftz hanget jme auch herabe vnd syn sti*mm* ist hell. Vnd der swantz ist im nit zů lang vnd ist etwas krompt uff die rechten syten vnd er treyt jne uͤbersich. Vnd sin arßloch ist hinden wit. Vnd wan*n* man einen soͤlichen edeln jag hund oder leyt hund vindet, wil man dan*n* den*n* edel hund deßselben gebers da uon haben, so sol man suchen vnder jne eyn hund vnd huͤntin, die die ytzgenanten zeichen des adels an jne haben vnd die ein ander an grosse, an gestalt, an farbe, an alter vnd an der sterck vast glich sint. Doch der farbe ist nit vil zů achten. Vnd die huͤntin sol man jn sliessen vnd sol man sie hungern vnd mager machen, biß sie jnnwenig wol suber worden vnd gereiniget ist. Des selben glichen sol ma*n* auch den hund mit vasten vnd mit hungern mager vnd jnnwenig ler machen. Vnd dar nach sol man jme gnug geben zů essen vnd jn das aß sol man tůn milch smalcz vnd frischen nuͤwen kese. Vnd // dar nach 81 v
sol man sie zů samen jnsperen vnd besliessen in ein ka*mm*er oder sust in ein zymlich gemach vff nuͤn tag Oder als lang, biß ma*n* merckt, das die huͤntin tragent ist worden. Vnd in den nuͤn tagen sol man sie nit laussen heruß lauffen. Vnd wan*n* die huͤntin also tragent worden ist, so sol man den hund heruß lässen vnd die huͤntin in der gefengniße behalten vnd sie selten dar uß lässen. Vnd nach dem vnd es ye merer vnd uester nahet, das sie welffen sol, vnd nach dem sol man jr ye mee zů essen geben, vff das die welffen zů sugen finden moͤgen. Vnd ist gut, das man ir gebe zů essen milch mit einem wenig milch smalcz vnd brot vnd fleisch dar jn gebrockt. Wan*n* sie aber ytz gewelfft hat, So sol man sie essen nach der zale der welffen. Also sint ir luͤczel, So sol man ir

dester mynder zů essen geben. Sint ir aber vil, So sol man ir dester mee geben. Doch sol man sie also mit dem essen halten, das sie nit zů mager noch zů veiste werde, wan*n* ůberig megrin myndert die milch vnd ůberig feist, beraubt die milch der hicze vnd der krafft vnd wirt die milch dar durch kalt vnd duͤnn. Vnd zu rechten zyten sol man die welffen von der milch abe stossen. Vnd sol man sie dar nach also essen, das sie nit zů veist noch zů mager werden. Vnd zů dem ersten sol man jn geben zů essen kese wasser mit milch. Vnd die milch sol veist vnd smalczig sin. Vnd ye mer vnd vester sie wachsen, ye minder man jne von dem
82r kese wasser jn ir aße tun sol. Vnd wan*n* sie acht monent // alt sint, So sol man jn fůter geben allein brot, geweicht in keß wasser,
1364^{9-17} vnd nit das kese wasser. || Vnd wan*n* sie eins jars alt sint, so sint sie geregig vnd behende gnug. Vnd dar vmb wan*n* sie ander halb jars alt sint, so sol man sie arbeiten an dem gejegt, vnd zů dem ersten senfftiglich, das jne von ůberigem lauffen vnd von ůberiger ubůnge die fůchtikeit in den gliedern, die noch zart ist vnd dar mit sie sich vͤben soͤllen, nit duͤrre werden noch abgangen, vnd dar nach von tag zů tag ye mer, biß sie sich selbs vast beginnen
1364^{18-20} zu uben. || Vnd wie ytz gesagt ist von der geburt vnd der narun*g*e der jag hund vnd der leyt hund, Also sol man auch tůn mit den winden, wan*n* man edel winde ziehen vnd haben wil. Vnd allem ist ein vnderscheide an den zeichen, dar durch man erkent den edeln wind, die da anders sind dan*n* die obgeschriben zeichen, dar durch man den edeln jag hunde oder leyt hund erkennet. Vnd den edeln wind sol man also erke*n*nen: Er hät ein langen slechten kopff, vnd die oren dar an sind spiczig vnd hinder sich gelegt vnd seint klein. Vnd der oberlefftz gat gar lůtzel vber den vndern. Der hals ist lang vnd etwas ůber den kopff erhohet an den enden, da er an den kopff stosset. Die brust ist spiczig vnd starck vnd die ripp sint lang vnd die syten hinden nach den ripen vnd der buch sint důnne. Vnd der swantz ist nit dick noch zů lang. Vnd die bein sind hoch vnd mee mager dan*n* veist.

Vnd er gůnet vn*d* er billet selten oder nu*mm*er, wan*n* sin art jst, //
das er hasset das bellen vnd das gůnen, das die hund tund, die 82v
da huten. Vnd dar vmb billet er auch nit noch laufft nit an die
fremden lute, Als sust die hund tund. Vnd diesen edeln wind, wan*n*
er von der milch gestossen wirt, sol man mee essen mit milch dan*n*
mit kesse wasser. || Vnd die großen hofwarten, die da sint als 1364$^{81-88}$
wolff, sol man auch verwaren mit sym glichen vnd jnn sperren vnd
sie halten als ytz von den jag hůnden vnd den winden gesagt ist.
Doch wan*n* man jne abstoßt von der milch, so sol man jm groͦber
vnd dorrer spiß geben dan*n* dem jag hunde oder dem winde.
Vnd die hůnd, die gewelfft sint von einem wind spil vnd eym
hofwarten, die man heisset zwickdarm, sint starck vnd snell
vnd dar vmb sint sie fast gut. || Vnd ist hie zů wissen, dz vnder den 1364$^{88-48}$
vnedeln hunden die klein hund, Als die meister schribent, sich
lassent wenen zů manigerley hofflichkeit. Vnd ob ein he*rr*e woͦlt
einen klein hund also haben, der vil gockelspils triben solt, so
sol man ne*mm*en, als die meister schribent, einen hund, der da
gewelfft ist von einem fuchß vnd einer hůntin oder von einem
hunde vnd einer vohen, Mag man die selbe gehan, als es dan*n*
der nature halb moglich ist. Mag ma*n* jne aber nit gehoͦn, so sol
man ne*mm*en sust einen kleinen hußhund, der rot ist. Vnd den
sol man lässen wonen by einem affen. So lernt er by dem affen
manigerley schympfflich werck tůn. Vnd ob die effin von im
tragen wird, als das der natur halb wol gesein mag, so wirt der
hund, der da uon keme, zů allem // schympflichem spil gar be- 83r
hende vnd geschickt. || Vn*d* ist hie fůrbaß zů wissen, das ein 1364^{48}–1365^{13}
freydige*r* hoffwart, der kein früntschafft zů nieman hat vnd auch
niemand schonet, dar zů zuwennend ist, Als die meister schribent,
das man mit jm mag uß spůren die dieb vnd die boͦswicht. Man
sol jne, Als der groß alberchtus schribet, dar zů also wenen vnd
bereiten. Es sol sich einer wol wapen mit einer guten dicken hůte,
durch die der hund nit wol gebissen mag. Vnd an den sol man
den hund heczen. Vn*d* der mit der hut sol fliehen. Vnd so jm der

hund nach loufft, sol er vor jm nyder fallen vnd den hund laussen wol vnd fast byssen in die hut. An dem andern tag sol man jne aber Also heczen an ein andern, der auch mit einer dicken hut vmb geben vnd versichert ist. Vnd das sol man als lang vnd dick thůn, biß er dar durch gewonet, eine*n* dieb oder ein boͤßwicht vß zů spuren, wan*n* man jne zů dem ersten vff sin fůßstapffen wiset, recht als man die vogel hund lert suchen das rephůn vnd die wachtel an der beyße durch sleg vnd trauwe, so man sie fůrt vff das gefert der hůnr vnd der wachtel, die ytz gefangen sint. Vnd vrsach, war vmb allein der hund, der kein lieb noch fruntschafft zů nemen hat vnd auch nieman schonet oder gewonet hat, dar zů gut zů wenen ist vnd sust kein ander, Jst dar vmb, wan*n* wer er vor durch yemant gesmeichelt, den er lieb hett vnd des er schonete, er folgte ee dick dem selben nach vn*d* folgete
83v auch vnderwilen mee deßselben fůßstapffen // nach durch liebe willen, wan*n* des dieps von vintschafft wegen, vnd wůrd dar durch gehindert, das er den dieb, den er haßte, dick vnd vil nit ersmacken mochte, Recht als die jag hund vnd*er*wilen, so sie vff
1365$^{29-31}$ manigerley spůr ko*m*men, jrrent vnd entricht werden. || Zů dem letzsten ist hie zů wissen, das man die edeln hund gesund behelt, wan*n* man sie nit zů vil slaffen leßt. Dan*n* durch das vil slaffen wirt der mag des hunds vol boͤßer fluß vnd wirt dar durch treg vnd siech. Vnd dar vmb sol man jne nach dem essen nit lenger lässen slaffen, dan*n* biß er das äße verdeut hat. Sin äße sol auch důnn vnd fucht sin, wan*n* dar durch wirt sin hicz, die er von nature hat, gesenfftiget. Vnd wan*n* der hund also nit zů vil slafft vnd das auß wol abdeut vnd von den boͤsen dempffen wol gereiniget wirt vnd gesund ist, so sint jme die har nit lang. Wan*n* aber jm die har fast lang vnd dick sint, So mag er nit wol von den boͤsen dempffen gereiniget werden. Vnd dar vmb so wirt jme die hut boͤße, rudig vnd stinckend, Als hie nach geschriben ist. |

Das trit Capitel, das da sagt von den suchten vnd gebresten der hund, vnd wie man sie mit ercznie vertriben sol.

| HYe ist zů wissen, das gewonlich nuͤnerley gebresten vnd such- 1365^{22-26} ten sint, die die hund lident.

Der erst ist, Als der hund rudig, schebig, kreczig ode*r* ußseczig ist. Der ander ist, als jm wurm in den wonden oder in alten schaden gewachsen sind. Der tryt // ist, als der hund an etlichen enden 84r geswollen ist. Das vierd ist, als er ein dorn in den fussen ader anderswo hat. Der fuͤnfft ist, als er wuͤtend ist. Der sechßt, als er vast mager ist. Der sibend ist, als er fast treg ist. Der acht ist, Als er vol fleuch ist. Vnd der nuͤnd ist, als er hert in dem buch ist vnd nit schyssen mag. | Von den allen wil ich ordenlichen nach ein ander sagen, wie man sie erczynen sol.

Wan*n* der hond schebig, kreczig ode*r* usseczig ist.

| Zv dem ersten. Ist es sach, das der hund schebig, gryndig, 1365^{26}–1366 kreczig oder usseczig ist, so sol man jm zů dem ersten laßen an allen vieren an der großen adern, die ußwendig an dem bein ist. Dar nach sol ma*n* machen ein salb uß swebel vnd uß milten samen glich vil vnd mit zwirens als vil swinen smalcz vnd milch smalcz zů samen vermischt. Vnd mit der salbe sol man den huͤnd salben an den enden, da er schebig ist. So wirt er gesund. Vnd dar zů ist auch gut, das man den hund wesche mit wasser, dar jn merbonen, die da zů latin lupini heissen, gesotten sint, oder mit gesalczem wasser. |

Vor die wurm, die in den wunden oder in den alten schaden des hunds gewachsen sint.

| ISt es, das dem hund in wunden oder in alten schaden ge- 1366^{1-11} wachsen sint wuͤrme, So sol man den schaden weschen mit dem safft des kruts, das da heisset reinfan, als lang biß sie dauon sterben. Vnd etlich sprechen, wan*n* man den huͤnden vnd gemeyn-

84v lich sust anderm tier die gelben Rinblumen, die die ernd // gesellen in schappels wise uff den huten tragen, An den hals hencke, das die wůrme auch jnnwendig in dem lib da uon sterben, als balde das selbe krut důrer worden sy. Vnd etlich sprechent, das das selbe krut gut sy fur das sterben der ochsen vnd der pferd vnd gemeinlich aller tier, wan*n* man zů puluer gestossen jne zů trincken gibt. Vnd wan*n* die wurme also in de*m* schaden des hunds gestorben sint, so sol man jne dar nach salben mit meyen smalcz. Vnd dauon seczt sich die geswulst nyder vnd der hund leckt sich an dem schaden deste gerner, biß das er heil wirt.

Wan der hund ein geswulst hat an sinen gliedern.

1366^{13-22} | HAt der hund ein geswulst an etlichem sinem gleich, so sol man die geswulst also vertriben. Man sol sieden ybsch wurczel oder das krut in wasser, biß es weich wirt vnd sich beren leßt als wachß. Vnd dar nach sol man es uff die geswulst legen. So seczt sie sich nyder. Vnd dar zů ist auch gut, das man lege vff die geswulst ein tuch, durch wachß vermist mit romschem ko*m*mel gezogen. Vnd gerent sůr milch, dar uff gelegt, ve*r*tribet auch die geswulst vnd legt den smerczen. Vnd linsa*m*men, mit frischem swinem smalcz gesotten, ist auch gůt fůr die geswulst. Vnd henffen tuch, fůcht gemacht in wasser vnd uff die geswulst gelegt, wan*n* die har dar uff vor abgeschoren sint, vertribet auch die geswulst. Vnd bru*n*nekreß mit frischem speck gestossen vnd uff die geswulst geleyt, vertribet die geswulst vnd zůchet auch den eyter uß der wunden vnd uß den alten schaden vnd heilt sie zů. | Sequit*ur*. //

85r Wan*n* der hund in einen dorn oder sust in ein spiczig ding gedreten hat.

1366^{23-27} | ISt, das der hund in eine*n* dorn oder sust in ein spiczig ding gedreten hat, das im noch in dem fůß oder jn einem andern glyd steckt, So sol man jm klien, vermist mit nůwem speck, dar ube*r* legen. So zucht es den dorn vnd den eyter heruß. Vnd dz tůt auch das puluer von jungen swalben, die da zů puluer in einem nůwen haffen gebrent sint. Vnd das selbe puluer sol man in einer buchsen wol behalten, wan*n* es vast gut dar zů ist. |

Wan*n* der hund lůnisch oder wůtend ist.

| SO der hund lůnisch oder wůtend ist, So sol man jne tůn vnd 1366[35–37] sundern von den andern hunden, das er sie nit auch wutend mach. Vnd wil man jne wider gesund machen, so sol man jn uff nůn tag nach der lenge versencken in warme wasser, Also das er mit den hindern fůssen kům die erde gerůren můg. Vnd mit den vordern fůssen sol er über sich an stan. Vnd nach dem nůnden tag sol man jne uß dem wasser ziehen vnd den kopff wol besweren vnd die hut dar uff verseren. Vnd dar nach sol ma*n* jm den kopff wol vnd vast riben mit mangolt safft. Vnd was man jme zů essen gyt, sol man auch in das selbe safft duncken. Vnd sol jm auch geben zů essen holder marck, wan*n* es dar zů vast gůt ist. Vnd man mag jm auch geben in sinem äße eines hannes mist. Vnd wan*n* ein hůnde von dem andern, der da wůtend ist, gebyssen wirt, so gebent etlich dem hunde, der da gebissen ist, die leber des hunds // zů essen, der jn gebissen hat. Vnd genißt der hund nit 85v in sieben tagen von solicher erczeney, so sol man jne tǒten, wan*n* er fůrter nit gesund mag werden. |

Wan*n* der hund von natur an facht, mager zů werden.

| WAn*n* der hund von natur an facht, mager zů werden vnd nit 1366[38–42] dar vmb, das er nit zů essen hat, so sol man jm dry oder vier male geben milch smalcz gnug zů essen. Vnd wirt er da uon nit schynberlich zu ne*m*men, So ist es ein zeichen, das er wurm hat vnder der zungen. Vnd die sol man jme herußziehen. So wirt er feißt vnd

18 bescheren BFH, schern E statt besweren. Albertus: caput radatur et bene 85r depiletur (Stadler 1366[38]).

zů nemen. Vnd ist es, das er da uon nit zů nympt, so ist jm die megrin nit zů benemen, wan*n* er stirbet da mit. |

So der hund treg ist.

1367^{1-3} | ISt der hund treg vnd wil man jne machen bald lauffen, so sol man jm fast vnd dick geben zů essen heberen brot, das da wol gehefelt vnd wol gebacken ist. |

Wan*n* der hund vil flȍch hät.

1367^{4-5} | HAt der hund vil flȍch, So sol man jne salben mit baumȍle. So fliehen sie von jm vnd ko*m*ment nit bald wider. |

1367^{6-7} | Vnd als vil sie gesaget von den gebresten vnd sůchten der hůnd vnd wie man sie mit erczenye vertriben sol. Vnd ob jne sust ander vngemach als keltin vnd slym in dem magen vnd ander sȍlich gebresten zů felt, So darff man sie doch dar fůr nit ercznyen, wan*n* sie sich selbes dar fůr erczny ent mit werme des fůres vnd mit // graß essen. |

86r Vnd da mit hät auch ein ende der vierd teyl diß buchs vnd da mit das gancz buch, das gemacht hät meister hainrich Münsinger, Doctor in der erczn ye, Dem wolgebornen he*r*ren ludwig, Grauen zů wirtenberg. Deo gr*at*ias.

GLOSSAR

vbbrechen 33 v^{15} die Atzung entziehen.

abdeut 83 v^{12}, *abgedeůt* 70 v^{13} verdaut.

abegetruckt 19 v^{21}, 23 r^{19}, 23 v^{1} abgedrückt, verdaut.

aczeln 32 v^{8} Elstern, Pica pica, s. a. *agelstern.*

äße 83 v^{9}, 85 r^{22}, *auß* 83 v^{12} Essen, Futter.

agelstern 20 r^{12}, *aglestern* 14 r^{10} Elstern, Pica pica, s. a. *aczeln.*

agromonien 70 r^{4}, *agrimonien* 70 v^{5}, *agrimony* 72 r^{9} Odermennig, *Agrimonia Eupatoria L.*

albania 80 v^{12} Albanien, Landschaft an der Westküste des Kaspischen Meeres

aller heiligen tag 33 v^{23} Allerheiligen, 1. November.

aller uff rechts 8 r^{3} am aufrechtesten.

aloe s. *bitter oloe.*

alům 74 r^{3} Alaun.

alwegent 3 v^{6} verschrieben für *bewegent.*

andorn 39 v^{21}, 59 r^{3,6}, 69 r^{19}, 73 r^{5}, *anderen* 73 r^{19} weißer Andorn, *Marrubium vulgare L.*

an reich 76 v^{5,9,18} durch das Anstreichen (Berühren) hervorgerufene Wunde, Streichwunde.

antfogel, grosser 31 v^{9} Stockente, *Anas platyrhynchos.*

Aquila s. Theodocion.

aß fleisch 33 v^{5} zur Atzung dienendes Fleisch.

astet 31 r^{18} nistet, horstet.

attich 41 r^{18}, 60 v^{9}, 62 r^{20}, 62 v^{1}, 65 v^{6}, 67 v^{3}, 69 r^{20}, 70 v^{21}, 72 r^{8}, 73 r^{7} Attich, krautartiger Holunder, *Sambucus Ebulus L.*

auder fluße 28 r^{4} Aderfluß.

augsten 33 v^{23} August.

auls gallen 39 r^{3} Galle eines Aals, *fel anguillae.*

baner 67 r^{6,8} Satteldecke, pannus.

bappel wurczel 65 v^{17}, 70 v^{22}, *bappeln bletter* 65 v^{19} Wurzeln bzw. Blätter der wilden Malve oder Roßpappel, *Malva silvestris L.*

barg 51 v^{9} männliches verschnittenes Schwein.

barn 55 r^{12}, 73 v^{3} Krippe, Raufe.

baumfalcken 16v[21] Mit dem schon in ahd. Glossen bezeugten Wort *baumfalcke* – bei Albertus (Stadler 1492[21]) falco arborealis – wurde stets *Falco subbuteo subbuteo* L. bezeichnet.

baum oley 18v[17], 25v[10,13], 60r[16], 61v[21], *baumo̊le* 21v[11], 24r[8], 48v[3], *baumole* 45v[13,17] Olivenöl.

beclibet 46r[14] bleibt haften, faßt Wurzel.

bedumpffen 40r[13], 44r[3,5] mit Dampf erfüllt, dämpfig.

beettig 52v[11] voller Knoten, mit Buckeln versehen, nodosus.

beiß 32v[21], 52v[13,14], *beyß* 3v[15], 32r[5], 33r[19], *beiße* 19r[3,6], 19v[15,16], 32r[16], 32v[12], 33r[6], 33v[11], 43r[4], 52r[10], 80r[7], *beyße* 15r[17], 33v[22], 83r[16], *beisse* 5r[3], 18v[6,8], 19r[15], 20v[7], 32r[14], 34r[16,19], 43r[6], *beysse* 5r[14], 5v[4,5], 42v[21], *beyse* 4r[14], *beißte* 32v[11], Beize s. a. *bo̊sse.*

beiß 54r[19] böse.

beissen 4r[20], 19r[14], *beisset* 4v[1], 5r[4], 5v[2], *beissent* 20r[1], *beißt* 5r[8,12], *bayssen* 4v[17], *byssen* 4v[15,16], *bysset* 4v[12], *bysen* 4v[11] beizen, beizt.

beißhund 7r[10], *beiß hunde* 80r[20], *beiß hůnde* 9r[8] Beizhund, Beizhunde.

beißman 33v[11], 39r[20], *beyßman* 33v[18], 42v[13], *beisman* 34r[20], *beyssern* 31v[8] Beizmann, Beizjäger; diese Worte haben bei Münsinger ausschließlich die Bedeutung eines mit Habicht oder Sperber jagenden Mannes. Der Ausdruck Habichter fehlt bei Münsinger noch. *beißman* ist als Gegensatz zu *felckner* – wie accipitrarius zu falconarius – zu sehen.

benedicten krut 64r[10], 70r[3,8] Benediktenkraut oder Nelkenwurz, *Geum urbanum L.*, bei Albertus gariophilata; s. a. *negelin.*

beren 74r[19], 84v[18] kneten, vermischen.

bergfalcken 5v[13], 8v[9,11] s. *montaner.*

berment 59r[16] Pergament

bertram 29v[5], 43v[17] Bertram oder Feuerwurz, *Anacyclus officinarum Hayne.*

berůfft 15r[21] berupft.

bescheiden 6r[20] klare, deutlich unterschiedene.

besytze 4r[22] seitlich, gleichbedeutend mit *schels*, ex obliquo.

bethonica 36r[15], 37v[4], 38r[11] Betonie, *Betonica officinalis L.* und *Betonica Alopecurus L.*

beyen 24r[14], 60r[15], 60v[1], 61r[9], 62r[20], 67r[21], 67v[2], 77v[4] bähen, durch Umschläge erwärmen und erweichen.

bicken 47v[18], 63v[2], 67r[19], 79v[1], *zurbicket* 77r[18], *bicke* 63v[2] stechen, zerstochen, [Stich].

biller 56r[3] Zahnfleisch.

binlin 43r[9] ist nur verderbt für *bindlin*; die lat. Vorlage (Stadler 1484[14]) hat fasciola = kleine Binde.

bircken 71r[9], 74r[13], *bircke* 73r[5] Münsingers Übersetzung von *mirica* bei Albertus durch Birke, *Betula alba L.*, ist sicher richtig und entspricht dem Sinn der Vorlage, obgleich sonst das Wort *mirica* in der Bedeutung *Birke* nicht üblich ist. Im lateinischen Text (Stadler 1391^{22}) heißt es unus (manipulus) ramusculorum *miricae*, was von Ryff D III v mit *ein hand vol heid* übersetzt wurde, weil *mirica* die übliche Bezeichnung für das Heidekraut, *Calluna vulgaris L.*, war. Auch für *bircke* 73 r^{5} steht bei Albertus (Stadler 1392^{29}) *mirica*, bei Ryff D IIII r *heid*. Daß Albertus bei *mirica* jedoch an die Birke dachte, zeigen seine Worte (Stadler 1393^{30}) . . . exteriorem corticem arboris quam quidam *bul* vocant, quae Latine *mirica* a quibusdam, a quibusdam autem dicitur fibex . . . Ryff geriet hier in Widerspruch zu der von ihm gewählten Bezeichnung Heidekraut und übersprang diese Textstelle in seiner Übersetzung.

biß 56 v^{23} Gebiß, Zaum, frenum.

bitter oloe 10 r^{21}, 20 v^{18}, 21 r^{21}, 24 r^{8}, 24 v^{7,16}, 25 v^{1,3,6}, 27 v^{22}, 29 v^{17,20}, 30 r^{9}, 35 r^{6}, 36 v^{9}, 37 r^{16}, 37 v^{17}, 38 r^{1,5}, *aloe* 25 v^{17}, *o̊le* 51 r^{7} Aloe, teils gepulvert, teils in Saftform verordnet; *bolcz oloe, das da zů latin heißet lignum aloes* 37 r^{4}.

bla 69 v^{12} blau.

blafůß 4 r^{14}, 16 r^{18}, *bläfuß* 16 r^{2}, *bläfůsß* 16 r^{12}, *bläfůße* 13 v^{21,22}, *blawfůß* 5 r^{2}, 14 r^{1,11}, *blawfůße* 16 r^{11}, *plafůß* 16 r^{6}, 16 v^{4,7}, *pläfůß* 16 r^{14}, *pläfusß* 16 r^{21}, *pläfůsß* 16 r^{9}. Als *blafůß* wurde im mittelalterlichen deutschen Schrifttum der Lanner- oder Feldeggsfalke, *Falco biarmicus feldeggii* Schleg., bezeichnet. Diese beizjagdlich so wichtige Falkenart wirft wegen ihrer ungewöhnlichen Geschichte eine Fülle interessanter Probleme auf. Albertus kannte sie nur unter dem deutschen Namen *blafůß*. Da er einen lateinischen Ausdruck für sie nicht zur Hand hatte, schuf er ihn selbst: falco qui habet *pedes azurinos* oder auch genus . • . quod est *iaccinctini pedis sive azurini*, eine wahrhaft umständliche wörtliche Übersetzung für das deutsche *blâvuoz*. Die Schwierigkeit entstand wohl aus der Zweideutigkeit des lat. Wortes *lanarius* im Mittelalter. Albertus verstand darunter den jagdlich untauglichen Mäusebussard. Der ihm vorliegende Ptolemäusbrief brachte keine Klarheit. Dort ist an erster Stelle (Ausg. Rigaltius, Paris 1612, II, 204) vom *lanarius* die Rede, jedoch mit dem verwirrenden Zusatz cuius duo sunt genera. Nur die Beschreibung der zweiten der beiden Arten paßt auf den Lanner- oder Feldeggsfalken: alius genus lanarii staturae minoris est et ab omnibus vile habetur. Man verstand demnach darunter eine Falkenart von minderer Größe, die von allen für geringwertig gehalten wurde.

Die nachfolgende Anmerkung soll dazu beitragen, das *Blaufuß*-Problem einer endgültigen Klärung entgegen zu führen, da die bisherigen Deutungsversuche letztlich an einer unzulänglichen Kenntnis des europäischen beizjagdlichen Schrifttums gescheitert sind. Unsere Beweisführung hat sich in zwei Richtungen zu bewegen: Es ist einerseits darzutun, daß der im deutschen Sprachgebiet als *blafuß* bezeichnete Falke mit derjenigen Art identisch war, die die Franzosen als *lanier*, die Spanier und Portugiesen als *borni* und unsere slawischen Nachbarn als *rarob* bezeichneten. Andererseits ist nachzuweisen, daß sich das Verbreitungsgebiet von *Falco biarmicus* bis in die Neuzeit über ganz Europa erstreckte und erst im Zuge einer Rückzugsbewegung dieser Falkenart nach Süd- und Südosteuropa jene sprachliche Verwirrung eintrat, die die Identifikation des Wortes *blafuß* problematisch werden ließ.

Wir können heute mit Sicherheit sagen, daß *Falco biarmicus* im hohen Mittelalter und zu Beginn der Neuzeit in ganz Europa einer der meist gebrauchten Beizvögel war; er erfreute sich allerdings keiner ungeteilten Wertschätzung. Seine Leistungen, sein Verhalten auf der Jagd und sein Charakter wurden unterschiedlich beurteilt, wobei – von Ausnahmen abgesehen – Einmütigkeit darüber bestand, daß er dem Wanderfalken jagdlich nicht gleichzusetzen sei. Wir dürfen bei unseren Überlegungen unterstellen, daß die mittelalterlichen Falkner durch den täglichen Umgang mit ihren Pfleglingen ganz hervorragende Kenner der Greifvögel waren; sie verstanden auf Grund der kulturellen und wirtschaftlichen Bedeutung der Beizjagd bei den einzelnen Arten Unterschiede nach Alter und räumlicher Herkunft zu erkennen und sicher zu beurteilen, die sich die moderne Subspeziesforschung erst im Laufe dieses Jahrhunderts an Hand eines mühsam zusammengetragenen Bälgematerials wieder erarbeiten mußte. In einer leider durch Kriegseinwirkung verlorengegangenen Arbeit konnte ich zeigen, daß sich die Erkenntnisse der gerade bei den Falconiden oft schwierigen Subspeziesforschung überraschend genau mit den Angaben im beizjagdlichen Fachschrifttum vergangener Jahrhunderte decken; darüber hinaus enthält die alte Literatur noch einen gewissen Überschuß an Erkenntnissen, der wie eine Aufforderung anmutet, den gegenwärtigen Stand unseres Wissens zu überprüfen, um möglicherweise dieser oder jener Form Anerkennung zu verschaffen, die die Fachleute in der Blütezeit der Beize kannten. Diese Feststellung war notwendig, um das hier zusammengetragene Material, das keineswegs Anspruch auf Vollständigkeit erhebt und nur die Entwicklungslinien kennzeichnen soll, richtig zu beurteilen.

Es besteht kein Zweifel darüber, daß die praktischen Falkner im hohen Mittelalter und zu Beginn der Neuzeit – zu denen wir leider nicht die großen Kompilatoren auf dem Gebiet der Zoologie wie Albertus Magnus, Conrad Gesner, Ulysses Aldrovandi usw. rechnen dürfen – unter jeder der ihnen geläufigen Bezeichnungen etwas ganz Bestimmtes, beispielsweise eine spezifische Falkenart in einem gewissen Alterszustand oder aus einem fest umrissenen Herkunftsbereich verstanden. Die von ihnen angewandte Terminologie war eindeutig klar, sie wurde lediglich durch unzulängliche Sachkenntnis vorzugsweise in der naturwissenschaftlichen Überlieferung häufig verwirrend angewandt. Wir stützen uns deshalb bei unseren Darlegungen ausschließlich auf jene beizjagdlichen Fachschriftsteller, die weitgehend als sprachlich zuverlässig angesehen werden dürfen.

Interessant ist die Feststellung – und sie sollte auch Anlaß zu weiteren Untersuchungen gaben – daß für *Falco biarmicus* im mittel- und westeuropäischen Raum keine einheitliche Namensbildung wie beispielsweise beim Ger- oder beim Wanderfalken zustande kam. Die Franzosen und Italiener folgten dem lat. *lanarius*, wobei vorläufig offen bleiben muß, wann dieses scheinbar den wolligen Charakter eines Gegenstandes andeutende, dem klassischen Latein entnommene Wort erstmalig attributiv einer Falkenart beigelegt wurde. *Lanier* bedeutete ursprünglich Weber, war also die Bezeichnung für einen Mann, der Stoff aus Wolle webte. Da aber das Weberhandwerk als eine für einen Mann verächtliche Arbeit angesehen wurde, übertrug man vermutlich die mit dem Wort *lanier* verbundene Geringschätzung auf *Falco biarmicus* als eine gemeinhin geringer geachtete Beizvogelart. (Gunnar Tilander in C. J. Tillisch, Falkejagten og dens historie, Kopenhagen 1949, 16/17.)

Friedrich II. von Hohenstaufen spricht in De arte venandi cum avibus häufig von den *laneriis* oder *layneriis* (Ausg. Willemsen, Leipzig 1942, I, 134; II, 117, 178), wenn auch nicht annähernd mit der gleichen Ausführlichkeit wie vom Ger-, Saker- oder Wanderfalken. In der verhältnismäßig kurzen Beschreibung weist er nicht nur auf die geringere Größe gegenüber dem Wanderfalken sondern vor allem auf die blauen Füße hin: „. . . pedes habent parvos, digitos pedum grossos et curtos et coloris flavi . . .“ (I, 134). Am geschätztesten waren jene Lannerfalken, die in Körperform und Gefieder weitgehend den ihnen nahe verwandten Sakerfalken ähnelten. Sie standen diesen allerdings in Kühnheit und Heftigkeit des Angriffes nach. Wichtig für unsere weiteren Überlegungen sind die möglicherweise nicht vom Kaiser selbst stammenden und deshalb auch in einigen Handschriften fehlenden Bemerkungen über die Heimat des Lanners (Ausg. Schneider, Leipzig 1788, I, 76). Es wird für ihn nicht ein beschränktes, mehr oder minder scharf umrissenes Verbreitungsgebiet angegeben, wie es bei den meisten anderen Beizvogelarten geschah. Vielmehr heißt es, der Lannerfalke horste in allen Breitengraden wie die anderen, vorher besprochenen Falconiden. Wo sich sein Lebensraum aber mit dem des Sakers decke, horste er wie dieser auf Bäumen: „Falcones autem laynerii nidificant in omnibus climatibus et in locis proedictis sicut et alii falcones, et si nidificant in illis regionibus in quibus sacri, nidificant in arboribus sicut et sacri“. Diese Angaben sind bisher nur wenig beachtet worden, passen aber gut in das Bild vom mittelalterlichen Lebensraum des *Falco biarmicus*. Aus ihnen ist zu entnehmen, daß der Lanner im 13. Jahrhundert über weite Teile Europas verbreitet war und hier nicht nur auf Felsen horstete. Neu ist der Hinweis, daß sich sein Lebensraum teilweise mit dem des Sakers überschnitt.

Für die nachfolgenden Betrachtungen ist es zu wissen notwendig, daß für drei sich systematisch nahestehende Falconiden, den Ger-, den Saker- und den Lannerfalken, die Blaufärbung der Fänge in der Jugend kennzeichnend ist. Dagegen sind die Fänge eines jungen Wanderfalken grünlich-gelb, wobei im Einzelfalle der grüne oder gelbe Ton vorherrschen kann. Es gibt auch einzelne Stücke mit mehr bleigrauen oder bereits reingelben Fängen, aber keine jungen Wanderfalken, bei denen mit Recht von blauen Fängen gesprochen werden könnte. Wenn also die mittelalterlichen Falkner einen Beizvogel nach seinen blauen Fängen benannten und damit diese als sein auffälligstes Merkmal empfanden, so kann es sich nur um eine der drei genannten Arten gehandelt haben. Von diesen scheidet der Gerfalke von vornherein aus, da es sich beim *blafůß* um eine im Mitteleuropa nistende Art gehandelt haben muß, der nordische Lebensbereich des nach Größe und Färbung von ihm eindeutig unterschiedenen, auch stets gesondert behandelten Gerfalken dagegen bekannt war. Eher wäre schon denkbar gewesen, daß der Saker gemeint war, aber dafür haben wir weder Hinweise im alten Schrifttum noch findet eine solche Vermutung eine anderweitige Stütze, zumal Saker und Lanner in den Quellen stets sorgfältig getrennt nebeneinander gestellt und trotz ihrer gegenseitigen nahen Verwandtschaft unseren heutigen morphologischen Erkenntnissen entsprechend beschrieben wurden. Wahrscheinlich wäre das alte Wissen von der Identität von *Falco biarmicus* = *blafůß* niemals verloren gegangen, wenn die Behandlung der damit zusammenhängenden Fragen nicht unter dem Eindruck des heutigen Lebensbereichs dieser Falkenart erfolgt wäre. Sein gegenwärtiges Verbreitungsgebiet erstreckt sich über Süditalien einschließlich Sizilien und Sardinien, die dalmatinische Küste und Griechenland. Umherstreifend erscheint er in Portugal, Südfrankreich und Rumänien.

Bei den großen spanischen Jagdschriftstellern des 14. Jahrhunderts stoßen wir auf den Lannerfalken oder Blaufuß unter der Bezeichnung *borni*. Don Juan Manuel (Libro de la caza, Ausg. José Maria Castro y Galvo, Barcelona 1947, 24^{17} ff., 31^{1} ff.) stellte ihn zutreffend neben Ger- und Sakerfalken, scheint ihn aber als Beizvogel nicht sonderlich geschätzt zu haben. Der Kanzler Pero Lopez de Ayala (Libro de la caza de las aves, Ausg. José Gutierrez de la Vega, Madrid 1879, Kap. VI, 179–182) sprach sehr viel ausführlicher über ihn und schloß in sein weites Verbreitungsgebiet selbst Oberdeutschland –

alta Alemania, worunter wohl in erster Linie die gebirgigen Teile Mittel- und Süddeutschlands und das Alpengebiet zu verstehen waren – und (mutmaßlich irrtümlich) Norwegen mit ein. Die aus Deutschland gebrachten Lanner wurden von ihm wegen ihrer jagdlichen Qualität und ihrer Körpergröße gelobt, was vermuten läßt, daß die aus West- und Mitteleuropa verschwundenen Lanner eine ähnliche Neigung zum Variieren hatten wie heute noch der Wanderfalke. Gehorstet haben muß er nach Lopez de Ayala in der zweiten Hälfte des 14. Jahrhunderts noch in den Westalpen Savoyens und im Kantabrischen Gebirge von Galicien an der Biskaya entlang bis tief in den altkastilischen Raum. Diese sehr präzisen Hinweise erleichtern, den Biotop der iberischen Form dieser verschwundenen Beizvogelart zu bestimmen. Der Lanner war offensichtlich nicht über ganz Spanien als Horstvogel verbreitet sondern liebte eine küstennahe Felslandschaft. Als Heimat des französischen Lanners bezeichnete Lopez de Ayala die Niederungen des Rhone-Deltas mit der östlich Arles liegenden Landschaft Crau in der Provence, aber wahrscheinlich wurde er hier mehr auf dem Zug gefangen als ausgehorstet und somit räumlich nicht ganz zutreffend bestimmt. Sein Horstgebiet lag sicher mehr in den Bergen der Languedoc oder in den Westalpen als in dieser küstennahen Ebene. Die *borni*-Terzel – que son llamados laneros – wurden gern paarweise geflogen und bei guter Leistung hoch bezahlt. Lopez de Ayala sah in Paris ein solches Gespann, das mit 100 Goldfranken bewertet wurde. Juan Vallés (Libro de acetreria y monteria, Sevilla 1947, 218ff.) konnte noch in der Mitte des 16. Jahrhunderts die Aussagen des Kanzlers bestätigen. Auch er umriß die Heimat des *borni* im wesentlichen durch das nordwestliche spanische Küstengebirge von Galicien bis Navarra. Gehen wir ein Jahrhundert weiter, so stellen wir fest, daß der *borni* noch immer in Spanien anzutreffen war, sein Lebensbereich aber schon eine fühlbare Einschränkung erfahren hatte. Alonso Martinez de Espinar (Arte de ballesteria y monteria, Madrid 1644, lib. III cap. VII, fol. 201r) schreibt, er horste noch in den Bergen der Provinz Leon „und in anderen Provinzen". Scheinbar bewohnte er um die Mitte des 17. Jahrhunderts nur noch Teile des Kantabrischen Gebirges.

Die portugiesischen Quellen sagen für unser Problem nur wenig aus. In dem aus dem 16. Jahrhundert stammenden Ms. 821 Sloane des British Museum in London, das u. a. den Livro de Falcoaria des Pero Menino enthält (Ausg. Rodrigues Lapa, Coimbra 1931) ist auch ein noch unveröffentlichter, in drei Teile zerfallender beizjagdlicher Traktat in portugiesischer Sprache enthalten, der zu Unrecht dem König Dankus zugeschrieben wird. In ihm (Pars I, cap. 5, Lapa LXIII) ist auch vom „borni d'Alemanha e romão" die Rede, ein weiterer Beweis, daß aus Deutschland gebrachte Blaufüße oder

Lannerfalken in den Kreisen der Beizjäger geschätzt wurden. Dioguo Fernandez Ferreira wiederholte in seiner Arte da caça da altaneria (Lissabon 1616, fol. 44r – 45r) nur, was Lopez de Ayala über den *borni* gesagt hatte. Vögel aus Deutschland und Savoyen fanden wiederum lobende Anerkennung. Dagegen fehlt jeder Hinweis, daß diese Falkenart auch in Portugal heimisch war.

In der französischen Literatur stoßen wir auf die ersten zuverlässigen Angaben über den *lanier* bei den Fachschriftstellern des 15. Jahrhunderts. Denn was Daude de Pradas in Dels Auzels Cassadors (Ausg. Alexander Herman Schutz, Columbus, Ohio, 1945, V. 349–362) schreibt, ist nichts anderes als der den Lanner betreffende, ins Provenzalische übertragene Text des Ptolemäusbriefes. Wir lassen hier auch die zahlreichen Hinweise auf den *lanier* in der mittelalterlichen französischen Dichtung (s. Werner Hensel, Die Vögel in der provenzalischen und nordfranzösischen Lyrik des Mittelalters, Romanische Forschungen, 26. Band, 1909, Abschnitt 29, Der lanier, 635—638) unberücksichtigt, da sie, soweit übersehbar, keinen zuverlässigen Nachweis enthalten, daß diese Greifvogelart zur Zeit der Troubadours in Frankreich horstete. Freilich sagt das Fehlen einer solchen Bemerkung auch nichts Gegenteiliges aus. Überraschend sind die Parallelen zur deutschen Minnedichtung, vor allem das häufige Vergleichen zwischen dem geschätzten Wanderfalken und dem von den Dichtern oft abfällig beurteilten *lanier*. Daß dieser von ihnen jedoch so häufig und so selbstverständlich erwähnt wird, spricht für seine weite Verbreitung. Aufschlußreicher für unsere Überlegungen ist die französische didaktische Literatur. Jean de Franchières (La Fauconnerie, Poitiers 1567, lib. I, cap. VII, S. 11) ist in seinen Aussagen noch wenig präzise: Le Lanier est vn Faucon assez commun en tous pays, spezialement en France et ailleurs. Diese Worte könnten auch als Ausdruck der Wertschätzung genommen werden, deren dieser Beizvogel sich in Frankreich in ganz besonderem Maße Jahrhunderte lang erfreute. Denn wie in Deutschland und England der Habicht, in Italien der Sperber zur Beize bevorzugt wurde, war Frankreich das Land des Lanners – bezeichnender fast noch für die Mentalität der Völker als Unterschiede in Kleidung, Sprache und Brauchtum. Aber Franchières wollte wohl mangels besseren Wissens sagen, er sei in ganz Frankreich Brutvogel, was in dieser einschränkungslosen Form sicher nicht zutraf. Seine Horste seien je nach der sich bietenden Gelegenheit auf hohen Bäumen, in Wäldern, auch gern in Rabennestern, auf hohen Felsen und an der Küste des Meeres. Diese Feststellungen bestätigen das von Lopez de Ayala gegebene Bild des Biotops, erweitern es jedoch hinsichtlich der Neigung zum Horsten auf hohen Bäumen in bewaldeten Distrikten. Ein ausdrucksvolles Blau der

Fänge galt nach Franchières als Zeichen der Güte. Der skrupellose Plagiator Guillaume Tardif (La Fauconnerie, Poitiers 1567, I. partie, chap. V, 11) wußte den Franchières entnommenen Angaben nichts hinzuzufügen. Auch was Arthelouche de Alagona in seiner Fauconnerie (Poitiers 1567, 3) über den von ihm hoch geschätzten, sogar über den Sakerfalken gestellten Lanner sagt, ergänzt das bisher gewonnene Bild kaum. Die Bezeichnung *villain* sollte den mangelnden Adel dieser Falkenart zum Ausdruck bringen. Um so aufschlußreicher sind die Angaben über den Lannerfalken, die Guillaume Bouchet in seinem Recueil de tous les oyseaux de proye (Poitiers 1567, 33ff.) gibt, doppelt wertvoll, weil er sich hier auf ein von ihm selbst eingesehenes Fragment der leider wohl unwiederbringlich verlorenen, niemals zum Druck gelangten Fauconnerie des Jacques Du Fouilloux bezieht. In ihm soll der große französische Jagdschriftsteller gesagt haben, die in der Guyenne, dem breiten, den Pyrenäen nördlich vorgelagerten Landstreifen zwischen Biscaya und Mittelmeer anzutreffenden Lannerfalken, kämen aus zwei Richtungen, einerseits aus Nordosten, Rußland, Preußen und Norwegen, von wo sie der französischen Küste entlang nach Spanien und Afrika weiterzögen, um im März mit den Kranichen zurückzukehren, und andererseits aus den Pyrenäen und den Bergen der Schweiz. Diese Feststellungen passen in das schon aus dem Studium der spanischen Jagdliteratur gewonnene Bild: sie erweitern den schon für das Kantabrische Gebirge festgestellten Lebensraum nach Osten durch Einbeziehung der Pyrenäen, bestätigen den savoyardischen Bereich durch den generellen Hinweis auf das Alpengebiet und lassen erneut ein drittes Territorium in Deutschland erkennen. Die beiden nach ihrer Herkunft zu unterscheidenden Lannerfalkenformen seien hinlänglich an ihren Zeichen zu erkennen. Du Fouilloux werde diese mit Gottes Hilfe eines Tages noch genauer demonstrieren. Bouchets eigene sehr allgemeine Feststellung (35) „Le Faucon Lanier est ordinairement truué faisant son aire en nostre France“ lehnt sich so verdächtig an Franchières an, daß man sie nur mit Vorsicht für die Beweisführung heranziehen sollte. Dies um so mehr, als wir sie wörtlich bei dem ebenfalls von Franchières nachhaltig beeinflußten Pierre Belon (L'histoire de la nature des oyseaux, Paris 1555, 123) wiederfinden, von wo aus sie Eingang in die europäische ornithologische Literatur fand.

Hinsichtlich der Überlieferung dieser Formel führt eine ununterbrochene Kette von Franchières über Tardif zu Belon und Aldrovandi. Aber nur Franchières schrieb von diesen allen aus eigener Sachkenntnis.

Der immer zuverlässige und originelle Charles d'Arcussia spricht in zwei Kapiteln seiner Fauconnerie (Rouen 1644, Kap. 22 u. 23, S. 39ff.) ausführlich über Eigenheiten und Charakter des in Frankreich so beliebten Lannerfalken, ohne jedoch Wesentliches zur Frage der Verbreitung zu sagen. Die Tatsache daß Arcussia einen Abschnitt der Pflege und Abrichtung des Nestlings widmet, scheint darauf hinzudeuten, daß zu seiner Zeit der Lanner in Frankreich noch horstete. Möglicherweise aber wurden auch Nestlinge vom professionellen Falkenhandel besorgt, denn beachtenswert ist Arcussias Bemerkung, Sizilien sei die Vorratskammer für Lannerfalkennestlinge, auch kämen viele aus Apulien, wodurch wir erstmalig einen Hinweis auf eines der Zentren seines heutigen Verbreitungsgebietes erhalten. Die Horste seien auf großen Felsen, mitunter auch auf hohen Bäumen. Wildfänge kämen hauptsächlich aus der schon von Lopez de Ayala genannten Crau bei Arles – interessant ist die zweifellos ganz unabhängig voneinander erfolgte Erwähnung dieses verhältnismäßig kleinen Landstriches durch zwei besonders zuverlässige Gewährsleute – und aus den Niederungen bei Verona in der Lombardei. In beiden Fällen handelte es sich um Durchzügler, deren Heimat Teile der Alpen waren. Arcussia nannte den Lanner einen feigen Vogel, der aber gern in Gesellschaft flog und dann Beachtliches leistete. Selbst 18- bis 20mal vermauserte Vögel waren noch zur Jagd tauglich. Arcussia versuchte auch die Herkunft des Wortes Lanner zu erklären: „Cest oyseau est appellé Lanier a laniandis auibus, vel quod plumas multas densasque et molles in modum lanae habeat“. Pierre Harmont dit Mercure (Le Miroir de Fauconnerie, Paris 1620, 6) und C. de Morais (Le Veritable Fauconnier, Paris 1683, 9) machten keine präzisen Angaben über die Heimat des Lanners mehr. Wahrscheinlich hatte dessen große Rückzugsbewegung schon eingesetzt. Wie in Deutschland das Wort Blaufuß in den letzten Jahrhunderten einen irreführenden und vieldeutigen Inhalt erhielt, führte das Aussterben des Lanners in Frankreich zu Verwechslungen mit anderen Greifvogelarten. Es ist eine am Lannerbeispiel zu beobachtende interessante Tatsache, daß das Verschwinden einer Tierart nicht auch zum Verlust ihrer Bezeichnung im Sprachschatz eines Volkes führt. Mit Recht sagten deshalb in der Mitte des vorigen Jahrhunderts J. C. Chenu und O. des Murs (La Fauconnerie ancienne et moderne, Paris 1862, 58) „On donne souvent le nom de Lanier à plusieurs oiseaux de proie qui n'ont aucun rapport avec le vrai Lanier.“ Hierzu gehört auch die irrige Identifikation mit dem *Alphanet*, *Faucon tunisien* oder *Faucon de Barbarie*, dem von den mittelalterlichen und frühneuzeitlichen Falknern sehr sorgfältig vom *F. biarmicus feldeggii* Schleg. unterschiedenen Sahara-Lanner *F. biarmicus erlangeri* Kleinschm. (z. B. bei Alfred Belvallette, Traité de Fauconnerie et d'Autourserie, Evreux 1903).

Im italienischen Fachschrifttum Umschau zu halten, ist nur insoweit von Interesse, als in ihm Hinweise enthalten sind, die die These von dem ehedem weit größeren Verbreitungsgebiet des europäischen Lanners stützen. Deshalb können wir auch bei dem im Süden Italiens beheimateten, zum Hause Aragon gehörigen Belisarius Acquaviva Herzog von Nardo nicht viel Neues erwarten. Er nennt die Lanner in seinem 1519 erschienenen Jagdbuch (Belisarii Acquavivi Aragonei Neritinorum Ducis de Venatione et de Aucupio, Neapel 1519) *ignobiles* oder *villani*. Durch Charles d'Arcussia (Conference des Fauconniers, Rouen 1644, 7) wissen wir, daß diese Bezeichnung für sie in Italien üblich war: „... encores pour le iourd'huy on nomme en Italie le Faucon, gentil, et le Lanier, *vilain*." Frederico Giorgi (Libro del modo di conoscere i buoni falconi, Venedig 1547, fol. 6r) bezeichnete die Lombardei als ihre Heimat: „.... altri falconi che si chiamano *laineri*, che nascono nelli boschi di Lombardie ..." Auch bei ihm kommen sie zugleich als *falconi uillani* vor. Francesco Sforzino da Carcano (Tre libri de gli vccelli da rapina, Venedig 1568, 20), ein vizentinischer Edelmann, konnte aus unmittelbarer Erfahrung präzisere Angaben machen. Nach seinen Worten horsteten die Lannerfalken „in den vizentinischen Alpen, die Italien und Deutschland voneinander trennen", d.h. in den Dolomiten. Damit weitet sich der ehemalige Lebensbereich des Lanners bis ins östliche Alpengebiet hinein aus. Zu Savoyen und den Schweizer Bergen kommen nun die Dolomiten, so daß sich von selbst der Anschluß an das Dinarische Gebirge der dalmatinischen Küste, einem Teil des rezenten Verbreitungsgebietes, ergibt. Wer immer über ihn schrieb – so auch Carcano – hob die blauen Füße hervor: „La mano picciola ... di color turchino ...".

Daß die Schweiz zum Verbreitungsgebiet des Lannerfalken gehörte, finden wir durch Conrad Gesner (De Avium Natura, Zürich 1555, 73) ausdrücklich bestätigt: Reperiuntur cyanópodes in Heluetia multis in locis, was Forer (Vogelbuch, 1600, 331) mit den Worten übersetzte: Man findt auch diese Blawfüß an vielen orten vn*d* Enden deß Schweitzerlands. Einen Horstplatz im südlichen Baden wußte Gesner ausdrücklich zu nennen: Nidificant ..., ut audio, circa oppidum quod Tribunal Caesaris uocant. In der Forer'schen Übersetzung des Gesner'schen Vogelbuches ist diese Ortsangabe noch präzisiert: ... fürauß aber findet man sie heutiges tags in einem Loch eines hohen Steins oder Felsens zu Wyach / einem Dorff / nicht weit von dem Stättlein Keyserstul am Rhein gelegen. Dieser Hinweis bezieht sich wohl auf das am Fuße des Kaiserstuhls gelegene Dorf Wyhl am Rhein.

Von den englischen Fachschriftstellern auf dem Gebiet der Beizjagd schrieb der originelle und erfahrene Symon Latham (Lathams Falconry or the Faulcons Lure and Cure, London 1633, 2. Buch, Kap. XXII–XXVII, 102–127) nicht nur weitaus am ausführlichsten sondern auch am temperamentvollsten über den von ihm wenig geschätzten Lanner. „I never tooke much delight

in". Seine Ausführungen zeigen, daß diese Falkenart zumindest bis ins 16. Jahrhundert viel in England zur Beize gebraucht wurde, später aber zugunsten des Wanderfalken an Bedeutung verlor.
Vermutlich wurde der englische Lannerfalkenbedarf durch den Handel gedeckt. Eine einzige nicht ganz eindeutige Bemerkung bei Latham (ebenda 111) könnte darauf schließen, daß *F. biarmicus feldeggii* Schleg. gelegentlich auch in England horstete: „.... when I was but very young of yeares myselfe, I heard an ancient Gentleman report, that in former times they (i. e. Ramage Lanners) were vsually flowne thereunto, and were held in great estimation for the same; ... He likewise affirmed that hee had a *Lanner* himselfe that would flye very high and very long, euen like vnto the wilde Hobbie, *the which was bred in Molton Parke* ...". Bei Nicholas Cox (The Gentleman's Recreation, London 1677, 213) finden wir durch die Worte „There are a sort of Lanners which Eyrie in the Alps" unser Wissen von der alpinen Heimat dieses Falken bestätigt. Richard Blome (The Gentlemans Recreation, London 1686, II, 29) nannte den Lanner „well known and much used, being called a *Kitchin Hawk*". Diesen Namen verdankte er seiner Leistung für die Küche. Als F. H. Salvin und W. Brodrick die zweite Auflage von Falconry in the British Isles (London 1873) herausgaben, hatte sich die Erkenntnis von Verlust und Wiederentdeckung des Lanners in der Mitte des vorigen Jahrhunderts schon durchgesetzt. Diese beiden erfahrenen Praktiker, die ihrem Werk zwei der besten Bilder vom jugendlichen und vom alten Lanner beigaben – wenn auch offenbar noch keine völlige Klarheit der Differenzierungen zwischen F. *biarmicus feldeggii* Schleg. und *F. biarmicus tanypterus* Schleg. vorlag –, schrieben, diese Falkenart, die nach den Aussagen der alten Schriftsteller „at one time a common species" gewesen sein müsse, sei in Europa so völlig ausgerottet worden, daß Buffon kein einziges Exemplar, lebend oder tot, in irgendeinem Naturalienkabinett mehr habe auffinden können. „The cere, legs, and feet, which at first are of a leaden blue, become yellow with age" (110).
Die Blaufärbung der Fänge bestimmte die Namensgebung im deutschen Sprachraum. Hier hieß *F. biarmicus feldeggii* stets *blafuoß*. Das Wort *laner* als Bezeichnung für einen Falken ist dem ganzen mhd. Schrifttum fremd (vgl. *mûser*, *wisser*). Um so reichhaltiger sind die Belege für das alte Wort *blâw – fuoz*. Es begegnet uns schon in den ahd. Glossen (Versus de volucribus, Althochdeutsche Glossen, herausg. von E. Steinmeyer und E. Sievers, III, 1895, 21, 10 *plafuoz*, *plafues*, *blauuz* = *capus* und III 23, 25 *blawfûs* = *herodius*) und ist in der mhd. Dichtung des 13. bis 15. Jahrhunderts so häufig, daß es nicht möglich ist, alle Belege hier wiederzugeben. Überblickt man sie alle zusammen, so zeigt sich deutlich, daß der *blafuoß* eine eigene Spezies war, die

neben dem *valken* oder *edelvalken*, der landläufigen Bezeichnung für den Wanderfalken, aber auch neben dem *sacker* stand.

In dem Ende des 13. Jahrhunderts geschriebenen Lehrgedicht „Der Renner" Hugo von Trimbergs (Ausg. Gustav Ehrismann, Stuttgart 1908ff., 5465ff.) heißt es:

> Wer sölte niht über die tumpheit schrîen,
> ob einer vür sperwer roetelwîen
> koufte und *blâfüeze* vür hebich?

Hier macht sich der Dichter über Ignoranten lustig, die einen Sperber nicht von einem Turmfalken und einen Habicht nicht von einem Blaufuß unterscheiden konnten.

Sehr häufig wird in Vergleichen der Blaufuß dem Wanderfalken gegenübergestellt. In Berthold von Holle's um die Mitte des 13. Jahrhunderts verfaßten Ritterroman „Der Demantin" (Ausg. Karl Bartsch, Stuttgart 1875, 5794ff.) finden wir einen solchen Vergleich beider Arten; stets wird der geringere Wert des Blaufußes herausgestellt:

> ein coninc zo vederspel irkôs
> einen *blâvôz*, vorte he in der hant,
> swenn he den cranen zo beize vant . . .
> he enwolde keinen *valken* hân.

Rund ein Jahrhundert später schrieb Heinrich von Mügeln (Kleinere Dichtungen, Ausg. Karl Stackmann Deutsche Texte des Mittelalters LI, Berlin, 1959, II, 404):

> Ach, hett ich einen *blafuß* für den *falken*
> ab er nicht wer so risch
> doch blib er stan uf mines herzen balken

Am sprechendsten sind die Antagonismen in dem ins 14. Jahrhundert gehörigen Minnefalkner (Ausg. Schmeller als Anhang zu Hadamar's von Laber Jagd, Stuttgart 1850):

> 67 du solt dich *valken* mazzen.
> Sie fliegen als weit aus den kraissen.
> Du solt dich ains *blawfûz* underwinden.
> Ob der ioch von dir streichet,
> du macht in nachtes bei der herberg finden.
>
> 68 Sie hant groz underschaide
> *blaufüez* und *edelvalke* also spaehe.

Valken wend kunst und auch geraete haben.
Es solten mit *blaufüzzen*
von ersten baissen lernen nu iunge knaben.

Die Empfehlung, junge Falkner mit dem Blaufuß auf der Beizjagd anzulernen, findet sich übrigens ebenso im Fachschrifttum.

82 Was seinen breis bewachet
und sich mit seligkait in wirde weiset,
das sol ze lobend nimmer mund verdriessen.
Durch recht so sullend *sackers*
noch *plaufüez* nit mit *edeln valken* niessen.

Die gleiche Verbindung haben wir auch in Strophe

64 man sichts verkaufen *blaufůss* und auch *valken.*

Der Dichter lobt sein Federspiel und fährt fort:

25 Ir kel und auch ir wengel
stůnd so minnelichen,
gerfalken, bilgram, spengel,
stainfalken, smirlin im mugent nicht geleichen.
Ich will geswigen sackers und auch *blaufůzzen*
Habich, sperber und der tertzel
seind sam ein traum gegen der vil rainen sůzzen.

Bei dem in der ersten Hälfte des 15. Jahrhunderts dichtenden Oswald von Wolkenstein (Ausg. J. Schatz, Göttingen 1904, 110, 31ff.) werden zutreffend *sägger* (Saker) und *plaufüess* zusammen genannt und den *edlen valken, pilgerin* (21) gegenüber gestellt. Auch in einer der ins 15. Jahrhundert gehörigen mhd. Minnereden (Mittelhochdeutsche Minnereden II, herausg. von Gerhard Thiele, Deutsche Texte des Mittelalters XLI, 1938, 13, 344ff.) begegnet uns der landläufige Gegensatz von Wander- und Lannerfalke:

Just hann ich gutt gedruwen
zu eynem falcken gutt
der fleugt nit gernn mit huwen
als manich fremder grober *blafus* thutt
...
danck hab der *edelfalck*

In „Der Minne Gericht" (Mittelhochdeutsche Minnereden I, herausg. von Kurt Matthaei, Deutsche Texte des Mittelalters XXIV, 1913, 1, 74) ist die

Rede von *blawfūß, falcken* mit iren terzen. Auch in dem durch Klara Hätzlerin überlieferten „Liederbuch" (herausg. von Haltaus, I 98, 14) – von der gleichen Abschreiberin stammend, der wir eine unserer Münsinger-Handschriften verdanken – kehrt der Vergleich zwischen den beiden Falkenarten wieder:

Ich wont, ich hett ain *valckentertz*
so můsz ich *plawfůsz* nemen für gůt

Nehmen wir diese Belege der mhd. Dichtung zusammen, so läßt sich folgendes an ihnen ablesen: der als *valcke* oder *edelvalcke* bezeichnete *F. peregrinus* war nicht identisch mit dem *blâw-fuoz*. Dieser galt als weniger edel und nicht gleichwertig, war aber offensichtlich ein altbekannter und viel gebrauchter Beizvogel. Die Fülle der Vergleiche macht es unwahrscheinlich, daß es sich bei ihm um eine nur durch den Handel beschaffte ausländische Falkenart gehandelt hat, wenn auch Hinweise über seine Heimat in diesem Zusammenhang fehlen.

In den ins 15. Jahrhundert gehörigen ersten deutschen lehrhaften Traktaten über die Beizjagd wird der Blaufuß ebenfalls erwähnt. Am Schluß des Beizbüchleins (Lindner, Die Deutsche Habichtslehre, Berlin 1955, 225/226) finden wir eine Aufzählung ausschließlich deutscher Beizvögel; es fehlen Saker und Gerfalke, aber der *Plawfuß* ist nicht ausgelassen. Mit ihm fing man Fasanen, Enten, Auerhennen, Rebhühner, Tauben, Krähen und Brachvögel. Die Koexistenz von *F. peregrinus* und *F. biarmicus*, die uns aus heutiger Sicht so überraschend erscheint, kommt auch in der Wiener Falkenheilkunde (ebenda, 234) zum Ausdruck: Dese kunst ist ouch czu dem *blofus* gut als czu dem *valken*. In der nach einer lateinischen Vorlage übersetzten deutschen Handschrift der Universitätsbibliothek Heidelberg, die in den Kreis der kompilierten Dankustexte gehört (herausg. von Antje Gerdessen, Beitrag zur Entwicklung der Falknerei und der Falkenheilkunde, Diss. Hannover 1956, 103) wird im 40. Kapitel *Vom edel falckenn*, im 41, *Vom blofuß* gesprochen. „Man findt ettlich *blofuß* die besser sein dan *bergfalcken*". Diese Textstelle geht unmittelbar auf Kap. 18 De nobilitate falconum des im 12. Jahrhundert entstandenen Dankustraktates zurück. Dort erscheint diese Falkenart als *falco rusticus* = *villanus* (Belisarius Acquaviva) = *lanier* (Arcussia) = *blofuß*. Für die Identität der Namen könnte schwerlich ein überzeugenderer Beweis beigebracht werden. Der Übersetzer des Dankustextes benutzte zwangsläufig für den lateinischen Ausdruck des Lanners das einzige dafür existierende deutsche Wort: *blofuß*.

Die mnd. Form *blauot* (für glaucus, der Blaßblaue, Graublaue) ist schon im 12. Jahrhundert durch den Cod. Cheltenham 7087, 144r belegt. In der mnd.

Literatur stoßen wir auf *blâvôt*, im mndl. Schrifttum auf *blauwvoet*, woraus sich die ndl. Bezeichnungen *blaat* für den Lanner und *blaatken* für den Lanneret entwickelten (A. E. H. Swaen, De Valkerij in de Nederlanden, Zutphen 1937, 58f.). Swaen, der verdiente Historiker der holländischen Falknerei, stellte eine Anzahl Belege für den Betrieb der Beizjagd mit dem Blaufuß in den Niederlanden aus dem 14. und 15. Jahrhundert zusammen, aber weder diese noch die Ausführungen über *blaet* und *blaetgens* in dem um 1635 entstandenen Jacht-Bedryff, dem Cornelis Jacobsz zugeschriebenen ältesten Jagdbuch in niederländischer Sprache, (Ausg. A. E. H. Swaen, Leiden 1948, fol. 181) geben einen Anhaltspunkt, daß sein Brutgebiet bis dorthin reichte. Dafür erhalten wir eine Aufstellung der Preise (fol.177v/178r), die für in Holland auf dem Durchzug gefangene Beizvögel gezahlt wurden. Aufgeführt werden nur vier Arten: der Gerfalk, der Wanderfalk, der Blaufuß und der Habicht. Ein *roode blaade* war wesentlich billiger als ein *baggere blaade van eener muijte*, also der bereits einmal vermauserte weibliche Vogel. Der Terzel, das *bladeken*, ob *root* oder *baggere*, kostete weitaus weniger.

Es kann nicht die Aufgabe dieser Glosse sein, das historische Verbreitungsgebiet des Blaufuß in Deutschland endgültig zu bestimmen. Viel Material harrt noch der Erschließung, vor allem versprechen die Schutz- und Schonbestimmung zugunsten der zur Beizjagd tauglichen Greifvögel in den Jagdmandaten der deutschen Territorialstaaten wertvolle Ausbeute. Wir müssen uns hier auf den globalen Nachweis beschränken, daß der Blaufuß in den deutschen Mittelgebirgen Brutvogel war. Damit wird ein zweiter Biotop ermittelt, der eine gewisse Variation dieser Spezies vielleicht schon gegenüber der hochalpinen, vornehmlich aber der iberischen Form nicht ausgeschlossen erscheinen läßt.

Nach einem Saalbuch vom Jahre 1418 unterhielt Ludwig der Gebartete von Bayern-Ingolstadt drei Falkner zu Roß, denen je zwei Knechte zu Fuß beigegeben waren, einen *plabfusser* zu Roß und einen Habichter zu Roß. (Franz von Kobell, Wildanger, Stuttgart 1859, 444). Für Württemberg schreibt Freiherr Rudolf von Wagner (Das Jagdwesen in Württemberg unter den Herzogen, Tübingen 1876, 208): „Unter den im 16. und 17. Jahrhundert gehegten Raubvögeln gebührt die erste Stelle dem Blaufuß, Falco lanarius. Seine Hege wird fast von allen Herzogen dieser Zeit sehr anempfohlen und ist auch noch in der Forstordnung von 1614 enthalten. Die Bedeutung dieses Vogels für die Falknerei machte ihn zu einem sehr geschätzten und gut bezahlten Handelsartikel und deshalb wurde ihm auch von Nichtberechtigten eifrigst nachgestellt. Wenn anders nicht beizukommen war, wurden sogar die Bäume, auf denen er nistete, umgehauen, um solcherweise die Jungen zu erhalten. Er scheint im ganzen Herzogthum verbreitet gewesen zu sein." An anderer Stelle (377) weist von Wagner darauf hin, daß seit Herzog Eberhard III., also in der Zeit zwischen 1660 und 1670, fast alle in Württemberg für die Falknerei beschafften Beizvögel von auswärts erworben werden mußten und dies wohl für „ein schon damals eingetretenes Seltenwerden des meist geschätzten ... Falco lanarius" spreche. Damit ist tatsächlich der Zeitraum richtig bestimmt, zu dem der Lannerfalke in Mittel- und Westeuropa verschwand. Sein Aussterben oder seine Rückzugsbewegung nach Südosten lagen im 17. Jahrhundert. Im 16. Jahrhundert ist er noch vielfältig nachweisbar, um 1700 durfte er kaum noch zu finden gewesen sein. Die weitaus reichsten Angaben über diesen Vorgang machte G. Landau (Die Geschichte der Jagd und der Falknerei in beiden Hessen, Kassel 1849, 275/277) für den hessischen Bereich. Nach seinen Feststellungen war der Blaufuß oder Lanner ehemals in Hessen ebenso heimisch wie in Bayern und in Hohenlohe. Im Jahre 1543 konnte der Landgraf Philipp von Hessen noch an Herzog Heinrich von Braunschweig schreiben: „Wann aber E. L. *Plawfuß* haben wollen, so müssen uns E. L. solches in Zeiten schreiben, eher sie ausfliegen, denn wir ihrer viel in unserem Land haben ...". 1566 wurden am Taunus ausgehobene *Bloefuße* nach Marburg geschickt und 1577 warnte Landgraf Ludwig IV die Untertanen seines Amtes Königsberg unweit Wetzlar, Nester der *Blawfuß* auszunehmen. Im Jahre 1592 wurden bereits verschenkte Blaufüße aus dem Taunus bei Nacht und Nebel gestohlen. Im Jahre 1595 mußten Lieferwünsche trotz eifriger Bemühungen, sie zu erfüllen, abgelehnt werden. Die wenigen Blaufüße, die ermittelt werden konnten, waren schon gestohlen, doch gab es angeblich solche noch in Niederhessen, bei Braunfels und in der Pfalz, so daß der Bittsteller dorthin verwiesen wurde. Die Nachrichten werden zu Beginn des 17. Jahrhunderts spärlicher. 1654 wurden noch Blaufüße ausgehoben. Ob die im Jahre 1661 zum Aufsuchen ins Land geschickten Falkner Erfolg hatten, bleibt ungewiß. Zu Anfang des 18. Jahrhunderts sollen sich Blaufußhorste noch in den Trümmern der Burg Frankenberg bei Salzungen gefunden haben. „Seitdem finde ich keine Nachrichten mehr davon" schließt Landau seinen Bericht. „Die zu häufige Nachstellung hat diesen Vogel endlich ausgerodet." Dies war das Ende einer Falkenart, von der Landau (332) mit gleicher Sicherheit sagen konnte: „Wo man im 15. Jahrhundert die Baize erwähnt findet, wird sicherlich auch der Blaufuß genannt." In Nordthüringen horstete der Blaufuß noch um 1570 (Kurt Lindner, Beiträge zur Jagdgeschichte Schwarzburg-Sondershausens, Sondershausen 1924, 111), in Westfalen und der Grafschaft Mark um die Mitte des 16. Jahrhunderts (H. Kummerlöwe, Westfälischer Greifvogelfang und -handel im sechzehnten Jahrhundert, Zeitschr. f.

Jagdwissenschaft I, 1955, 148/149). Eine Überprüfung der reichen Quellen zur Geschichte des deutschen Ritterordens wird zeigen, ob sich der Lebensbereich des Blaufußfalken bis nach Preußen erstreckte. Nach Friedrich Mager (Wildbahn und Jagd in Altpreußen, Neudamm und Berlin 1941, 273), der das verwirrte Blaufußproblem mit der seit zweieinhalb Jahrhunderten üblichen Unsicherheit behandelte, werden im Ordenstreßlerbuch und in anderen altpreußischen Quellen nicht selten Blaufußfalken erwähnt. Die dem Hochmeister des Deutschen Ritterordens in den Jahren 1402, 1408 und 1409 in den Monaten Mai bis Juli gebrachten Blaufüße können nur Nestlinge gewesen sein. (Joachim, Das Marienburger Treßlerbuch der Jahre 1399–1409, Königsberg 1896, 178[36], 484[16], 491[8] und 550[6].)

Zwangsläufig stellt sich die Frage, wie weit das Verbreitungsgebiet des Lanners nach Osten reichte. Die Antwort hierauf bringt zugleich Klarheit in ein bisher ungelöstes sprachliches Problem. Der Blaufuß der Deutschen ist der gleiche Falke, den man in Böhmen, Mähren und der Slowakei *raroh*, in Polen *raróg*, in Ungarn *ráró* und in der Ukraine *rarik* nannte. Mit dem Geltungsbereich dieses weder weiter östlich noch bei anderen slawischen Völkern wiederkehrenden Wortes ist der östliche, an das Verbreitungsgebiet des Sakers anstoßende, sich mit diesem in einer Grenzzone vielleicht sogar überlappende Lebensbereich des Lanners bis zum 16. Jahrhundert umrissen. Er umfaßte Ostpreußen, Teile Polens, die Tschechoslowakei, Ungarn und die Karpathoukraine. Eine Bemerkung Conrad Gesners ist geeignet, uns irrezuführen. Er sagt (De avium natura, Zürich 1555, 73) von der gleichen Greifvogelart, den die Deutschen *Blafuß* nennen: Illyrij hunc falconem nominant *raroh*. Der Ursprung des Wortes *raroh* ist aber nicht im Illyrischen zu suchen, jedenfalls nicht bei den Illyrern proprie dicti der antiken Autoren. Gesner muß slawische Völkerschaften im Auge gehabt haben, die im dalmatinischen Raum siedelten. Immerhin hat seine Lokalisierung des Wortes in einem Gebiet, in dem *Falco biarmicus* auch heute noch zu Hause ist, als wertvoller Hinweis zu gelten. Die Lautung von Gesners *raroh* ist identisch mit der tschechischen Form des Wortes und läßt zusammen mit der polnischen und der ukrainischen Variante auf eine slavische Vorform *rarogъ schließen.

Das *ráró*-Problem, das zumindest die ungarischen Ornithologen schon lebhaft beschäftigt hat, wäre sicher schon längst als gelöst angesehen worden, wenn man Kenntnis von dem vor Jahrhunderten weitaus größeren Verbreitungsgebiet des Lannerfalken gehabt hätte. Jacob Schenk (Ungarische Beizvogelnamen, Aquila, Budapest 1935/1938, 267ff. und 1939/42, 5ff.) unterlag einem verhängnisvollen Irrtum. Mit dem ungarischen Wort *kerecsen* wurde nicht, wie er annahm, der Gerfalke sondern wie noch heute der Sakerfalke, *Falco cherrug cherrug* Gray., bezeichnet. Der *ráró* aber war nicht, wie er meinte, *Falco cherrug* sondern der ausgestorbene *Falco biarmicus*, für den die Ungarn heute das junge Wort *feldeggsólyom* haben. Die von Schenk mühsam zusammengetragenen, wertvollen Belege bestätigen nicht nur einschränkungslos diese Feststellung sondern überraschen zugleich durch ihre Parallelität zum historischen Verlauf im mitteleuropäischen Raum.

Als Wichtigstes sei hier festgehalten: Genauso wie in den ahd. Glossen für den Blaufuß finden wir in lateinisch-ungarischen Wörterbüchern des frühen 15. Jahrhunderts die Übersetzung herodius = *ráró*. Ferner erscheinen in der ungarischen Dichtung – ebenso wie in der mhd. Lyrik *blafûß*, *sacker* und *edelvalke* – *ráró*, *kerecsen* und *solyom* – häufig in der gleichen Zeile – nebeneinander. Die Belege weisen zutreffend auf die größeren Körpermaße des *kerecsen* hin, zeigen aber auch, daß sich der *ráró* einer hohen Beliebtheit als Beizvogel erfreute. Besonders wertvoll sind Quellen, in denen für einunddenselben Beizvogel die Worte *Blaufuß* und *ráró* gleichzeitig und sich inhaltlich deckend erscheinen. So bat im Jahre 1550 Königin Maria, die Witwe Ludwigs II. von Ungarn, den Bischof Thurzó von Nyitra um Rárófalken = *Blaufussokat* (Schenk 36). Interessanterweise enden die von Schenk zusammengestellten Nachweise für den *ráró* mit dem Jahre 1721, d. h. zur gleichen Zeit, in der *F. biarmicus* auch in Mitteleuropa verschwand. „Aus dem 16. Jahrhundert haben wir 13 (ráró-) Daten," sagt Schenk (106), „aus dem 17. Jahrhundert insgesamt 2 und aus den 1700er Jahren nur eine einzige Angabe". Besser ließ sich die Übereinstimmung mit der mitteleuropäischen Entwicklung kaum ausdrücken. Im 18. Jahrhundert setzte in Ungarn dieselbe Sprachverwirrung ein, die wir auch in Deutschland verfolgen können. Die Bezeichnung *ráró* wurde häufig – wie auch für das dem *raroh*-Raum benachbarte Sachsen bezeugt – auf den Fischadler übertragen. Das Vorkommen des Wortes *ráró* in ungarischen Ortsnamen läßt darauf schließen, daß der Blaufuß in Oberungarn noch Brutvogel war, in Siebenbürgen aber nicht mehr vorkam. Leider fehlt uns vorläufig Material zum raroh-Problem aus der Tschechoslowakei und aus Polen, das mit den von Schenk für Ungarn zusammengetragenen Belegen verglichen und in gleicher Weise ausgewertet werden könnte. Ich möchte annehmen, daß es sich bei den von Joh. Wilh. von Woborzil 1843 an der Moldau am Horst geschossenen zwei alten und ihm entnommenen vier jungen Raroh-Falken um eines der letzten Brutvorkommen von *Falco biarmicus* und nicht von *Falco cherrug* in Böhmen handelt. (J. W. Ed. von Woborzil, Beitrag zur Naturgeschichte des Raroh, Falco lanarius, Rhea, Ztschr. f. d. gesammte Ornithologie, 1. Heft, Leipzig 1846, 39ff.).

Hier sollte nicht mehr geschehen, als dem Blaufuß- oder Lannerfalkenproblem nach einer ersten grundsätzlichen Klärung den rechten Platz in der zukünftigen Forschung zuzuweisen. Viele Fragen bleiben offen, die zu beantworten nicht die Aufgabe dieser Studie sein kann. Wir wissen noch nicht, in welchen Teilen Frankreichs der *lanier* horstete und wann er dort verschwand. Auch ein Studium der tschechischen und polnischen Sprachdenkmäler und Quellen wird neue Erkenntnisse vermitteln. Wahrscheinlich griff er auch nach Nordosten hinüber, sonst würde sein regelmäßiger Fang an der Küste vom Ordensland bis nach Holland und weiterhin – Franchières zufolge – bis nach Südwestfrankreich nur schwer erklärbar sein. Selbst der nordische Wortschatz wäre zu überprüfen, um das von Lopez de Ayala behauptete Vorkommen in Norwegen entkräften zu können. Endlich aber stellt sich die Aufgabe, die zahlreichen und vielfach sehr eingehenden Beschreibungen seiner Gestalt und seines Aussehens miteinander zu vergleichen und morphologisch auszuwerten. Mir scheint, daß sich zwei Typen von eigenem Subspeziescharakter, eine mittel- und osteuropäische größere Form (ein *Falco biarmicus cyanopedis* n. n.) und eine kleinere Pyrenäenform (ein *Falco biarmicus hispaniensis* n. n.) im Gegensatz zum rezenten *Falco biarmicus feldeggii* Schleg. herauskristallisieren würden. Schon Hartert (Vögel der paläarktischen Fauna, II, Berlin 1912–21, 1058) stellte die Frage, ob die angeblich noch heute in Spanien vereinzelt vorkommenden Lannerfalken nicht eine besondere Form bilden. Vielleicht konnten einige Paare überleben (vgl. a. Augusto Gil Lletget, Sinopsis de las aves de España y Portugal, Madrid 1945, 222). Auch die Frage nach der Ursache des Aussterbens ist noch unbeantwortet. Sicherlich trug die rücksichtslose Verfolgung durch jagdfreudige Landesfürsten und geldgierige Beizvogelhändler entscheidend zur Ausrottung des mittel- und westeuropäischen Lannerfalken bei, aber allein ist sie damit keineswegs erklärt. Die große Greifvogelvernichtung, die zahlreiche Beizvogelarten überlebten, fällt erst ins 18. und 19. Jahrhundert, d. h. in eine Zeit, in der der *Blaufuß* schon verschwunden war.

Die beiden nachfolgenden Karten zeigen einerseits das heutige, andererseits das ehemalige Verbreitungsgebiet des Lannerfalken nach den mittel- und westeuropäischen Quellen des 13.–16. Jahrhunderts. Der Lebensbereich des Lannerfalken dürfte sich zu Beginn der Neuzeit über das Kantabrische Gebirge, die Pyrenäen, die Cevennen, die Alpen, die deutschen Mittelgebirge und ganz Oberitalien erstreckt und in Mittelitalien und im dinarischen Gebirge Anschluß an das rezente Verbreitungsgebiet gefunden haben. Im Osten müssen Ostpreußen, Polen, die Tschechoslowakei, Oberungarn und die Karpathoukraine von ihm besiedelt gewesen sein.

Zum Schluß mag es dienlich sein, einen Blick auf die sprachliche und wissenschaftliche Verwirrung zu werfen, die mit dem Verschwinden dieser ehemals für die Beizjagd so wichtigen Falkenart in Deutschland einsetzte. Es scheint, daß sich zwei Generationen nach ihrem Aussterben niemand mehr an sie erinnerte. Der Niedergang der Beizjagd ließ die Jäger den scharfen Blick für die Alters-, Geschlechts- und Artunterschiede der Greifvögel rasch verlieren. Bei den großen Greifvogelvernichtungsaktionen im 18. Jahrhundert, deren unvorstellbares Ausmaß Hans Kummerlöwe (Greifvogelvernichtung im

Gegenwärtige Verbreitung von *Falco biarmicus* nach Peterson-Mountfort-Hollom.

Verbreitung von *Falco biarmicus* im 14.–16. Jahrhundert.

welfischen Herschaftsbereich (18./19. Jahrhundert) Veröff. d. Naturw. Vereins Osnabrück 28, 1957, 61ff.) nachgewiesen hat, dürften die letzten Blaufüße mit zum Opfer gefallen sein. Die Erinnerung an sie lebte bei Hermann Friedrich von Göchhausen (Notabilia Venatoris oder Jagd- und Weidwerks-Anmerkungen, Weimar 1710, 98) noch fort: „Er (der Blaufuß) horstet hier zu Lande (d. h. in den sächsischen Herzogtümern Thüringens) in Wäldern sowohl als auch auf alten wüsten Thürmen und Gemauer", aber nur wenige Jahre später fügte Hanns Friedrich von Fleming (Der Vollkommene Teutsche Jäger I, Leipzig 1719, 154) dieser wörtlich aus Göchhausen übernommenen Feststellung die korrigierende Bemerkung hinzu: „doch wird er wenig gefunden". Göchhausens bescheidene Angaben über den Blaufuß erbten sich unverändert in der deutschen Jagdliteratur des 18. Jahrhunderts fort. Fleming brachte sie sogar zweimal (a. II, Leipzig 1724, 341). Als Heimat des *Lenier* galt ihm dagegen – wie heute – Sizilien (I, 319). Daß *lanier* und *Blaufuß* Bezeichnungen für die gleiche Art waren, wußte Fleming nicht mehr. In dem mehrfach aufgelegten jagdlichen Lehrbuch „Kurtzer doch gründlicher Begriff der Edlen Jägerey" (Nordhausen 1730, 272) wird vom *Lanier oder Baum-Falck* gesagt, man finde ihn in Sizilien, Neapel und in den südlichen Ländern. Dagegen sind die Angaben über den *Blaufuß* (274) ganz und gar nichtssagend. Der ornithologisch wenig geschulte Döbel (Eröffnete Jäger-Practica, Leipzig 1746, I, 74) sprach vom *„Blau-Fusse oder Schlecht-Falcken genannt"*, hatte aber keine lebendige Vorstellung mehr von ihm. Die wenigen Angaben stammen nicht von ihm selbst. Ungewiß blieb für ihn, ob er zu den Falken, Habichten oder „Geiern" zu stellen war. Ein halbes Jahrhundert später konnte Johann Matthäus Bechstein – als Ornithologe mehr ein fleißiger Kompilator als ein zuverlässiger Systematiker – in seiner „Gemeinnützigen Naturgeschichte der Vögel Deutschlands" (I, Leipzig 1791, 307) vom *Blaufuß* nur sagen: „Die Jäger sprechen viel von diesem Raubvogel; ich habe aber bey genauerer Untersuchung gefunden, daß sie allemal entweder den Stock- oder (den) Wanderfalken meynen, und daß es allemal ein Falke mit gelben Füßen war, den sie Blaufuß nannten. Ich kann also von diesem Vogel jetzt nichts mehr sagen, als was ich vorfinde." Wiederum gehörte Göchhausen zu den von ihm benutzten Quellen. Der von Bechstein als Stockfalke bezeichnete Greifvogel war der Habicht. Aber Bechsteins Worte waren zutreffend. Was in Deutschland um 1800 in Jägerkreisen als *Blaufuß* bezeichnet wurde, war entweder ein junger Wanderfalke oder ein Habicht. Durch Jester (Über die kleine Jagd zum Gebrauch angehender Jagdliebhaber, 8. Teil, Königsberg 1808, 10) wurde die Verwirrung weiter gemehrt: „Der Geyerfalke heißt in der Falkeniersprache Blaufuß." Sein Geyerfalke war aber nichts anderes als der nordische Gerfalke. Am klarsten unter seinen Zeitgenossen schrieb noch George Franz Dietrich aus dem Winkell (Handbuch für Jäger, Jagdberechtigte und Jagdliebhaber, III, Leipzig 1806, 321 ff.) über den *Blaufuß*, jedenfalls wußte er ihn noch mit dem Lanner zu identifizieren, aber um etwas Zuverlässiges über ihn aussagen zu können, war er zu selten. „Daß das Gelege und überhaupt die Vermehrung in Europa nicht stark seyn kann", heißt es bei ihm, „erhellt daraus, daß man Raubvögel dieser Art selbst auf dem Zuge nur einzeln sieht und fängt." Georg Ludwig Hartig sagte in seinem „Lehrbuch für Jäger" (Tübingen 1811, I, 468) vom *blaufüßigen Falken*: „Er ... kommt in Deutschland nur als Zugvogel vor." J. A. Heink (Praktische Bemerkungen über die kleine Jagd, Dresden 1827, 130) stellte dagegen fest, daß der Fischadler bei allen Jägern und Teichwärtern unter dem Namen *Blaufuß* bekannt sei. Otto von Riesenthal (Die

Raubvögel Deutschlands, Cassel 1876) endlich nannte den weißen isländischen Falken *großen Blaufuß*, während er diese Bezeichnung ohne Epitheton sowohl dem Saker- als auch dem Wanderfalken zuschrieb. Als *Blaufuß* wurden also in den letzten zwei Jahrhunderten bald der Ger-, bald der Saker-, bald der Wanderfalke, häufig auch der Fischadler und der Habicht bezeichnet. Kann es nach dieser Vielfalt von Greifvogelarten, denen der Name *Blaufuß* seit dem Verschwinden des Lannerfalken zugelegt wurde, Wunder nehmen, wenn selbst ein so sorgfältiger Forscher wie Hugo Suolahti (Die deutschen Vogelnamen, Straßburg 1909, 338) in Unkenntnis der historischen Zusammenhänge dem Blaufußproblem ratlos gegenüber stand?

Der echte, inzwischen auf Süd- und Südosteuropa beschränkte Lannerfalke wurde, nachdem er der systematischen Ornithologie verloren gegangen war, um die Mitte des vorigen Jahrhunderts vom österreichischen Oberst Baron von Feldegg in Dalmatien wiederentdeckt und von Schlegel nach ihm benannt. Später erkannte man den Irrtum und stellte den Zusammenhang mit dem uralten Lannerfalken = Blaufuß wieder her.

bleich 12r[10] Blässe, palliditas.

blywiß 26r[8], 38r[5] Bleiweiß, basisches Bleicarbonat.

bősse 5r[7] Beize.

boley 33v[21], *poley* 42v[4] Polei, *Mentha Pulegium L.*

bonwol 19r[8], 21v[20], *baumwoll* 24r[18] Baumwolle; bombax (Stadler 1472[29] und 1475[7]).

bregelt 64r[5], *gebregelt* 75r[11] brät, schmort, gebraten.

brentela 36r[23] gleichbedeutend mit *scharlach*, Muskateller- oder Scharlachsalbei, *Salvia Sclarea L.*

britanisch falcken 6v[8] s. *sackerfalcken*.

bronen kreß 29r[4], *bronne kressen* 67v[7], *bronnen kreße* 59r[9], *brunne kreß* 65v[8], 73r[19], 84v[22], *brunnenn kreß* 65r[19], 65v[20] Brunnenkresse, *Nasturtium officinale* R. Br.; s. a. *garten kreß* 40r[9].

buchßbaume 75r[7] Buchsbaum, *Buxus sempervirens L.*

bucken fleisch 20r[12] Fleisch vom Ziegenbock, carnes hyrcorum.

bůrrischer s. *gebůrisch*.

bůsempt 8r[3] zusammengezogen, zusammengesunken, von mhd. *besamenen*.

bůteln 46v[13] (durch ein Tuch oder einen Mehlbeutel) sieben.

byfůß 49v[15] *bifuß* 51r[19], An welche der Beifußarten Münsinger dachte, bleibt offen, wohl in erster Linie an den Feldbeifuß, *Artemisia campestris L.*, oder an den echten oder gemeinen Beifuß, *Artemisia vulgaris L.* Daß mit dem sucus artemesiae (Stadler 1490[22]) der Saft des Wermuts, *Artemisia Absinthium L.*, gemeint war, ist unwahrscheinlich, da Albertus vom sucus absintii (wie z. B. Stadler 1491^{34}) gesprochen hätte. Ryff O I v übersetzte *beyfuß/wermut safft*, Pacius 514 *Beyfuß-Safft*.

bymenten 36 r^{16}, 37 v^{4}, 40 r^{8}, 52 r^{6}, *romsch byment* 38 v^{10}, *Mentha crispa L.* oder *Mentha gentilis L.*

clawe, clawen 26 r^{18,19,20}, 31 r^{11}, 50 r^{1}, *cläwen* 4 r^{21} die Klaue ist bei Münsinger der Nagel (ungula, unguis) am Zeh (digitus) des Beizvogels, nicht der Zeh selbst.

clee 66 v^{9} steht für cerefolium (Stadler 1387^{41}), Gartenkerbel, *Anthriscus Cerefolium Hoffm.* In zahlreichen Handschriften ist durch Verderbung aus *clee* Kleie geworden.

coriander 43 v^{14,21} Koriander, *Coriandrum sativum L.*

crewen 14 r^{10}, *krewen* 20 r^{18}, *creůwen* 32 v^{8} Krähen.

dacht 24 r^{18} Docht, licinium.

denen 72 r^{21,24} Dehnen; *do̊net* 72 r^{20} dehnt.

denten 46 v^{9}, *dinten* 46 v^{12}, 70 r^{12} Tinte; s. hierzu auch Bertil Maler, Tratado de las enfermedades de las aves de caza, Stockholm 1957, 60.

deůwigem 19 v^{10}, 27 v^{15} (leicht) verdaulichem.

diech 3 v^{5}, 8 r^{20,21}, 17 v^{1}, 19 r^{6}, 24 r^{3}, 34 r^{4}; *dieher* 3 v^{7}, 10 v^{8}, *diechs* 18 v^{14,18,19}, 40 r^{16}, *diechern* 20 v^{3} Oberschenkel, coxa.

distelfincken 14 v^{22} Stieglitz, Distelfink, *Carduelis carduelis.*

do̊ten 24 r^{19} vermischen, commiscere.

dorrer 82 v^{9} trockenere.

dragagantum 35 r^{7} lat. dragantum (Stadler 1484^{25}), *Astragalus creticus L.* bzw. *Astragalus strobiliferus Royle.*

dryt 13 r^{2} tritt zurück, entfernt sich.

důllen 45 r^{17}, *tillen* 50 r^{6} Dill, *Anethum graveolens L.*

dunckel wisse 12 v^{12} weißlich, subalbidus.

egeln 29 r^{16}, 42 r^{18}, *egel puluer* 29 r^{19} Blutegel, Pulver von gebrannten Blutegeln.

eins über zwerchs schůchs lang 45 r^{1} einen quer gestellten Schuh lang; die verlorene lat. Vorlage hatte der span. Übersetzung (Bertil Maler, Stockholm 1957, 32) zufolge wahrscheinlich als Längenmaß *palmus* = in der Länge einer flachen Hand.

elben 25 r^{4} Ulmen, Rüstern.

elte 11 v^{17} Alter; daß der Beigeschmack alten Fleisches durch Waschen beseitigt wird.

entricht 83 v^{4} von der rechten Spur abgebracht.

epff 43 v^{21}, 44 r^{24}, 44 v^{17}, 45 r^{18}, 48 r^{1}, 51 v^{6}, 67 r^{21}, 67 v^{3}, 77 v^{14}, *epffe* 39 v^{22}, *eppff krut* 43 v^{18}, *eppffen krut* 72 r^{9}, *eppffen safft* 46 v^{9}, *epffen wurczel* 77 v^{15} Sumpfeppich, Sumpfsilge oder Sellerie, *Apium graveolens L.*; Selleriesaft, Selleriewurzel. Hinsichtlich der Richtigkeit der Münsinger'schen Übersetzung *eppffen safft* 46 v^{9} s. Bertil Maler, Tratado de las enfermedades de las aves de caza, Stockholm 1957, 62–67.

ephell 73 r^{6} Efeu, *Hedera helix L.*

erin 24 v^{17}, 29 r^{12}, 34 v^{18} ehern, kupfern, bronzen.

erndgesellen 84 r^{24} männliche Teilnehmer bei Ernte und Erntefest.

erschrindent 77 r^{10} aufreißen.

ersmacken 83 v^{2} wittern, durch Geruch wahrnehmen.

erstricht 34 r^{6} die Federn glatt streicht.

ersworn 62 v^{16}, 64 v^{8} zusammengezogen.

eschen 60 v^{2}, 73 v^{11}, 79 r^{8} Asche.

eschfarbe 8 v^{18}, 53 r^{16} aschfarbig, aschgrau, cinereus.

eschym holcz 73 v^{11}, *eschem holcz* 74 v^{4} Eschenholz, *Fraximus excelsior L.*

essen 5 v^{1} atzen.

eydeß, grun 42 r^{6} grüne Eidechse.

eytter nessel, krichesch nessel 68 v^{4} Brennessel, Eiternessel, *Urtica urens L.*; Ryff (D II v) *scharpffe welsche nessel, so man vrticam grecam nennet.*

falcken meler 12 r^{9}, *meler* 12 v^{16}, macula, kennzeichnende Flecken im Gefieder einer Falkenart.

fallera 36 r^{10} Gallenkrankheit, Gallenleiden, s. a. *fellera.*

falwet 22 v^{19} entfärbt sich, bleicht.

far, dunckel far swartz 4 r^{1}, *dunckel far rot* 13 r^{17} farbig, gestaltet, aussehend; dunkel schwarz aussehend, dunkel rot aussehend.

farn 76 v^{10} Farnkraut.

febres 49 v^{13,14}, 50 r^{17} Fieber.

federspil 48 r^{16} das Wort *federspil* braucht Münsinger in allen Überschriften der Untertitel im sechsten Kapitel seines zweiten Buches (48 r^{15}ff.) als Sammelbegriff für Falken und Habichte gemeinsam in Übersetzung der bei Albertus erscheinenden Worte omnium avium rapacium.

feech 4 r^{3}, 12 r^{8}, 31 r^{7}, *fech* 31 r^{8,10}, *fehe* 31 r^{9}, *fehen* 41 v^{13} farblich verschieden, mehrfarbig, bunt, gefleckt, varius, varietas, variare; (*an der*) *feeche* 12 v^{12} farblich variierend, in varietate; *fech maler* 31 r^{8}, *fehe meler* 31 r^{9}, *fech meler* 31 r^{10} wechselnde Farbmale, maculis variare.

feißt 20 r^{3}, 34 r^{1,3}, *feißte* 19 v^{15,18}, 20 r^{3}, 54 r^{19}, *feist* 33 v^{19}, *feiste* 47 r^{22}, *fůßte* 19 v^{13}, *veißt* 19 v^{17}, 51 v^{3}, *veißte* 44 v^{5,11}, *veißten* 42 v^{8}, *veist* 42 v^{3,7}, 49 r^{22}, 51 v^{8}, *veiste* 36 v^{20}, 41 r^{15,16}, 48 r^{9,13,14}, *weißt* 54 r^{18} feist, fett, Feistigkeit, Fett.

felckner 5r[8,10], 15r[14,16,21,22], 17r[14,17], 18r[3,7,12,18,20], 18v[10,12], 19r[17], 19v[7,22], 20r[16], 20v[7], 21r[9], 27r[3] Falkner.

fellera 50r[14], *gällen sucht* Gallenkrankheit, s. a. *fallera*

fenchel krut 50r[6] Fenchel, *Foeniculum vulgare Mill.*; *fenchel krut safft* 35v[19], *fenchel samen* 41v[9], 45r[18], 48v[5].

fenugrecum 65v[7] Fönnkraut, Hornklee, Bockshorn, *Trigonella foenum graecum L.*

fesen 54r[15] Dinkel, *Triticum spelta L.*, Spelt, Schwabenkorn, spelta.

fesen 56r[10,16] Geschwulst an den Lefzen des Pferdes, foscella.

fifeln 66r[15,16], 66v[11] lat. frenes, gleichbedeutend mit *zweng*, s. dort.

fig 58v[11] Feige, *Ficus Carcica L.*; 58v[8] identisch mit *figwarczen*.

figwarczen 58v[8,12,14,15,18], 59r[5,8,14,16,18], 59v[7,12,14,16], 60r[3,5,8], *vigwarczen* 59r[11,12] Feigwarze, warzenartige Hautwucherung, s. a. *gefige*, *fig*.

fioln 36r[3], *fieln* 36v[4], *vieln* 38r[12] Veilchen, *Viola odorata L.*; *violoͤle* 63v[6] Veilchenöl.

flechsen 75v[4] aus Flachs hergestellt.

fliedem 47r[6], *flieden* 54v[17], 56r[8], 79r[24], *fliedemen* 47r[9], 61r[13], *fliedmen* 77r[18], 77v[2] Aderlaßeisen.

fleuch 84r[4], *floͤch* 85v[15,16] Flöhe.

flück 17v[10] flügge, in nidis completus.

freueckeit 32r[15] Freude.

freuelich 9v[2] in vermessener (übermütiger, frecher) Weise.

frieß 31v[11] fröre, kalt wäre.

fuͤlbin 54v[20], *fuͤlbins* 59v[10] Füllen.

fuͤrspreiten 45r[12] vor ihm ausbreiten.

fuͤßte s. *feißt*.

fuß 18r[13], 21v[4], *fußen* 50v[11], *fusen* 50v[9], *fuͤß* 20v[4,5], 31r[10], 33r[9,17], 34v[9], 43r[11], 49v[16,17,19,20], 51r[6,20], *fuͤße* 21v[4], 42v[21], *fuͤßen* 20v[8], 24v[7,13] Fang des Beizvogels, heute – im Gegensatz zur *Hand* deš Falken – nur noch für den Adler und die Faustvögel Habicht und Sperber gebraucht.

fylen 23v[16], *fil von jsen* 28v[17] Eisenfeilspäne.

garten kreß 40r[9] Brunnenkresse, *Nasturtium officinale R. Br.*; gleichbedeutend mit *bronen kreß*.

gebers 81r[14] ist in A und D (*geperens*) verderbt, während BCFH richtig *gespers*, E *gesperres* haben. In der lebenden Jägersprache kennen wir das Wort Gesperre für das Geheck, d.h. die Brut der Hühnervögel, der Tetraonen, der Fasanen und der Rebhühner. Münsinger bezeichnete damit einen Wurf junger Hunde.

gebuͤrisch 4r[8], *gebuͤrsche* 15r[16], bäurisch(e), unedel(e); *burrischer* 14r[1] bäurischer, ungeschlachter; *gebuͤristkeit* 13v[17] bäurische Art.

geeder 54r[2], 58r[1], *geder* 47v[19] Sehnen, Flechsen, nervi.

gefert 83r[17] Gefährte (mehrere Fährten) der Rebhühner und Wachteln, heute als *Geläuf* bezeichnet.

gefige 38r[15,16], 58v[12,18] Feigwarze, warzenartige Hautwucherung, s. auch *figwarczen*.

gehefelt 85v[14] mit Hefe angesetzt.

gehelingen 78r[18] ungestüm.

gehen 11r[22] Jähe, Jäheit.

gehercze 33v[10] Beherztheit.

gekelgt 20v[10] gekalkt.

geleczt 42v[10], 55r[18], 58r[14], 59r[1], 59r[20], 60r[20], 61v[14,16], 62v[8,12], 75r[22], 77v[18] verletzt, beschädigt.

gelfar 14v[20] gelb gefärbt, citrinus.

geliffert 76v[8] geronnene.

gemacht 62v[6] männliches Glied des Pferdes, Schlauch, virga.

gemelde 14v[17] Gemälde, Male; schöner, leider der lebenden Falknersprache verloren gegangener Ausdruck für die Zeichnung des Beizvogels durch längs- oder querlaufende Flecken (Male); guttatus = mit Malen versehen.

gerat 75v[10] anfängt.

geregig 82r[8] regsam, beweglich.

gerent 84v[17] geronnene.

gerert 29v[7] ausgefallen.

gertwurtz 71v[18] Stabwurz, *Artemisia Abrotanum L.*, Albertus (Stadler 1391[26]) *abrotani*, Ryff D III v *staubwurtz*.

geruͤwet 62r[1] geruht.

gesc(h)rôt 72r[14] Unterleib, Weichen, ilia.

gesc(h)uͤch 32v[22] Geschüh, Wurffessel oder Wurfriemen.

gesmeyß 23r[19], 23v[16] Exkremente, Kot der Greifvögel.

gestertz 53r[1] (*für sich* . . .) nach vorne steif emporgerichtet, quasi in ante porrectae.

gewel 18v[16], 19r[4,8,18], 23v[9], 28r[16], 36r[2,6], 47r[14], *gewelle* 19v[2], *geweln* 18v[21] Gewölle, unverdauliche Teile, namentlich Federn und Haare, welche die Raubvögel unverdaut auswürgen, ursprünglich das den Beizvögeln eingegebene Brechmittel, von mhd. *willen* = zum Erbrechen ekeln hergeleitet.

gezasset 24r[22] zerrupfte.

girofalcken 7v[12,13,15,19], 8r[8], 8v[2], *gyrofalcken* 7v[11] Mit dem *gyrofalco* bei Albertus bzw. dem *girofalcken* Münsingers ist der Gerfalke (*Falco rusticolus*) gemeint, wobei offen bleibt, ob sich die Angaben bei Albertus vorzugsweise auf eine der drei erst in neuerer Zeit deutlich unterschiedenen Subspezies *F. r. rusticolus L.*, *F. r. candicans Gm.* oder *F. r. islandus Brünn.* beziehen sollten. Albertus, der sich über die Heimat der meisten der von ihm erwähnten Falkenarten ausschweigt, gibt keinen Hinweis zur Beantwortung dieser Frage, wie überhaupt seine Beschreibung des Gerfalken nicht den Eindruck erweckt, als habe er jemals diese imposante Jagdfalkenart selbst gesehen. Doch scheinen die im Gerfalken-Kapitel zusammengestellten Nachrichten im wesentlichen von ihm selbst gesammelt zu sein. Ob der von Albertus häufig als Quelle benützte Ptolemäusbrief, in dem teils von sieben, teils von acht Falkenarten die Rede ist, in seiner ursprünglichen Fassung überhaupt Angaben enthielt, die sich auf den Gerfalken bezogen, bedarf noch der Prüfung, jedenfalls findet sich von dem kurzen, scheinbar erst nachträglich hinzugekommenen Gerfalkenhinweis im Ptolemäusbrief nichts bei Albertus.

Die Etymologie des Wortes *gēr-valke* ist noch umstritten. Zweifellos aber ist die von Albertus versuchte Ableitung von lat. *gyrare* = sich im Kreise drehen abwegig,zumal eine solche Flugbewegung dem Gerfalken völlig fremd ist. Münsinger (7v[16]) bildete daraus das Wort *zwirbelfalck*, eine nur bei ihm bezeugte Wortschöpfung ohne Lebenskraft, *wann sin eigenschafft ist, das er sich an der beiße in dem abstigen zwirbelt als lang, biß er den vogel, den er beisset, geslagen vnd gestossen mag.*

Das Wort *gervalke* ist im mhd. erst seit dem 13. Jahrhundert bezeugt.

gleich 43r[6], 59r[20], 72r[23], 75r[1,19,22], 77v[10], 79v[1], 84v[11], *gleichen* 10v[18], 36v[16], 69v[16], 74v[16,23], 75v[1], *gleychen* 3v[9], *geleichen* 69v[21]   Gelenk, Gelenke.

gockelspils 82v[15]   Gaukelspiel.

graben 30r[8], *garben krut* 35r[19]   Schafgarbe, *Achillea Millefolium L.*

grossen habich 2v[2]   Habichtsweibchen, *Accipiter gentilis* ♀; im Ptolemäusbrief (Ausg. Rigaltius, Paris 1612, II, 205) heißt es: Primum genus est corpore magnum.

grosen Sperber 2v[12]   Sperberweibchen, *Accipiter nisus* ♀.

grunß 41r[2]   Grünes.

gůnen 82v[1], *gůnet* 82r[23]   winseln, winselt.

gundelreb 50v[4]   Gundelrebe, *Glechoma hederacea L.*

habich s. a. *grossen habich*, *hebchlin* und *hepsch*.

hagdorn, der da swarcze ber tret 74v[5]   Schwarzdorn oder Schlehe, *Prunus spinosa L.*, bei Albertus nigra spina (Stadler 1394[10]).

hagdorn, wisser 22v[10]   gemeiner Weißdorn oder Hagedorn, *Crataegus Oxyacantha L.*, Albertus (Stadler 1475[23]): spina alba quae Germanice *hagedorn* vocatur.

hannen fuß wurczel 70v^{21} Wurzel vom brennenden Hahnenfuß, *Ranunculus Flammula L.*, radix flammulae.

(*jn die*) *harre* 13r^{11}, *har* 13r^{22} auf die Länge, auf die Dauer.

harwachß 57v^{13}, 59r^{19}, 60r^{5,11,13}, 60v^{4,14}, 61v^{13}, 62v^{6}, 63r^{2}, 69v^{16}, 75r^{22}, 76v^{4} Nerv, Nerven.

hebchlin 2v^{9} kleiner Habicht, Habichtsmännchen, *Accipiter gentilis* ♂.

heberen brot 85v^{18} Haferbrot.

heberin mele 63v^{14} Hafermehl.

hedrich, *wilder heiderich* 36v^{10}, 37v^{12} bei Münsinger identisch mit *wůterich*.

heimwonung 10r^{18} Wohnung, habitatio.

hemschen hunr 31r^{23} Haushühner.

henffen 75v^{4}, 84v^{20} aus Hanf hergestellt.

henffes wercks 76v^{16} Werg aus Hanf.

hepsch 30v^{10}, *hepch* 32r^{11,13} Habichte.

herczslechtig 40r^{12} asthmatisch.

her reicht 75r^{20,21}, 76v^{2}, *her reichen* 75r^{22}, 80r^{14} erreicht, erreichen, berührt, berühren; attactus, Anrühren, Berührung.

heschrecken 37v^{18} Heuschrecke, cicada.

heseln stab 67v^{14}, *heslin stabe* 79v^{2} Haselholzstab; *heseln růte* 76r^{8} Haselholzrute.

hofer 58v^{14}, 59r^{11} Höcker, Buckel.

hofer falcken 10v^{11,12}, 11v^{1,12,19}, *hoffer* 10v^{15} Das bei Münsinger erstmalig auftauchende, vorher nicht belegte Wort *hoferfalcke* ist eine aus der lateinischen Vorlage abgeleitete Wortschöpfung, die dem deutschen Sprachgebrauch fremd blieb. Albertus spricht vom *falco gyboso* als der fünften edelen Art. *Gibbosum autem vocatur eo quod propter brevitatem colli sui caput suum vix apparet ante iuga alarum* ... (Stadler 1463^{15}). Er wirkte also buckelig oder höckerig wegen der hochliegenden Handwurzelknochen der Flügel und dem kurzen Hals. Das lat. *gibbosus* übersetzte Münsinger mit *hover* = Buckel, Höcker und schuf somit das Wort *hofer falcke* = Buckelfalke. Ryff (L IIII v) spricht vom *Hofferigen Falcken*, Pacius (451) hat *Hocker-Falcke*. Conrad Gesner (Zürich 1555, 71), der nur das zu wiederholen wußte, was Albertus gesagt hatte, nennt ihn *Hagerfalck* oder *Hogerfalck*. Zu unrecht stellte er diese Bezeichnung neben fr. *hagar*(*d*).

Der Ausdruck *falco gybosus* scheint von Albertus selbst zu stammen, jedenfalls ist er in voralbertinischen Texten nicht nachzuweisen. Albertus berichtet (Stadler 1463^{7}), der mehrfach von ihm als Gewährsmann zitierte Eremit in den Alpen habe ihm drei dieser Falken gezeigt. Deren Körperhaltung mag bei der persönlichen Inaugenscheinnahme den Gelehrten bewogen haben, diesen von ihm irrtümlich als selbständige Art aufgefaßten Beizvogel mit der Bezeichnung „Buckelfalke“ zu belegen. Tatsächlich handelt es sich beim *gybosus* um nichts anderes als um den kleinen Wanderfalkenterzel. Er überragte, wie Albertus betont, hinsichtlich seiner Größe kaum das Sperberweibchen und war gezeichnet wie der peregrinus, d.h. das größere, auf dem Herbstzug gefangene Wanderfalkenweibchen: *Quantitas eius parum vincit quantitatem nisi quem vulgo sparverium vocant et habet in facie guttas sicut peregrinus et cetera falconum genera* (Stadler 1463[12]). Der Größenvergleich mit einem Sperber ist natürlich etwas übertrieben, aber tatsächlich besteht zwischen den Flügellängen eines Wanderfalkenterzels und eines starken Sperberweibchens kein allzu großer Unterschied. Albertus stellt den *gybosus* ständig der von ihm als *peregrinus* bezeichneten Art gegenüber und betont die Gleichartigkeit des Aussehens beider: . . . *et est in colore aliorum falconum qui peregrini vocantur* (Stadler 1463[24]).

hofwarten 82 v[5,11], 83 r[2] Hofhunde, mastinus.

holcztuben 8 r[13] Holztauben, Wildtauben, im Gegensatz zu *heimsch tuben* 8 r[13].

holder 70 v[21], 71 v[9], *holder beer* 42 r[7,11], 46 v[18], 47 v[6], *holder bletter* 62 v[2], 67 v[4], *holder marck* 74 v[4], 85 r[21] Beeren, Blätter und Mark des schwarzen Holunder, *Sambucus nigra L.*

huben 5 r[9,13,15] Haube; *hůben* 5 r[24], 18 r[2], *huben* 17 r[19], 17 v[9] hauben, die Haube aufsetzen; *das hůben* 5 r[9] das Aufhauben. Die Erwähnung der Haube bei Albertus Magnus gehört neben der breiten und aufschlußreichen Beschreibung dieses wichtigen Hilfsmittels zum Lockemachen der Falken durch Friedrich II. von Hohenstaufen (De arte venandi cum avibus, ed. Willemsen I, Leipzig 1942, 236ff.) zu den ältesten Belegen für ihren Gebrauch im europäischen Schrifttum. Albertus verwendet nicht immer die gleiche Bezeichnung für sie; einerseits (Stadler 1456[21]) nennt er sie *mitram oculos tegentem* oder schlechthin (1456[25]) *mitra*. Die *mitra* war eine mit Backenstücken versehene, unter dem Kinn gebundene Kopfbinde, die normalhin die Sicht nicht behinderte, so daß ihr Charakter als Augenbedeckung für den Falken zusätzlich betont werden mußte. Andererseits hatte er (1471[29]) das Wort *pileum* für die Falkenhaube bereit. Auch finden wir bei ihm das davon hergeleitete Wort (1471[37]) *pilleare* = hauben, die Haube aufsetzen. Als *pilleus* oder *pilleum* wurde eine runde, an den Schläfen fest anliegende Filzkappe bezeichnet, die in ihrer Form der Hälfte eines Eies glich. Sie wurde von den Römern bei den Mahlzeiten, bei Schauspielen und zu festlichen Gelegenheiten getragen. Drittens spricht er (1472[5]) von *ad capellum assuefacere* = an die Haube gewöhnen. Dieses ml. Wortes *capellum* = Kappe, Mütze, Kopfbedeckung bediente sich Friedrich II. ausschließlich. Den Vorgang des Aufhaubens bezeichnete Albertus (1456[37]) als *capitegium*.

hůnr darm 67 v[1,7] Hühnerdarm oder Vogelmiere, *Stellaria media Dill.*

bunds darm 45r^{1} ist offenbar verderbt für *bunr darm*, denn die korrespondierenden Textstellen sowohl in Dels Auzels Cassadors des Daude de Pradas (Ausg. Alexander Herman Schutz, Columbus 1945, 2851) als auch im Ms V – II – 19 der Bibliothek des Escorial (Ausg. Bertil Maler, Tratado de las enfermedades de las aves de caza, Stockholm 1957, 32, Kap. VI) haben *galina* bzw. *gallina*.

bunger meler 31v^{20}, 40v^{2,3} Hungermale; s. Kurt Lindner, Die deutsche Habichtslehre, Berlin 1955, 247, N. 7.

buntz bertz 29r^{4} Hundeherz ist ein Lesefehler; im lat. Original (Stadler 1480^{7}) heißt es in corde pulli – im Herz eines Hühnchens. Die Handschriften BF haben richtig *buns bertz*.

bußbund 82v^{20} Haushund, (accipiat) rufum canem de hiis qui custodes sunt (Stadler 1364^{39}).

bußwurcz 63v^{6}, *buswurcz* 65r^{21}, *buswurczsafft* 40v^{7} Hauswurz, Jupiter- oder Donnersbart, *Sempervivum tectorum L.*

bust dürr 65r^{20} Husten trocken.

buwen 3v^{4} Uhu(s), *Bubo bubo*; das Wort kommt vorzugsweise in alemannischen Quellen vor.

indern 44r^{17} inneren.

Ippocras s. *yppocras*.

jag bunde 80r^{20}, 81r^{6,13}, 82r^{10,14}, 82v^{7,9} Jagdhunde, canis venaticus.

jndischem becb ... heißt zů latin Aspaltum 39r^{22} s. voc. *aspaltum* im Glossar des Wernherus Ernesti.

ingeber 22r^{17}, *jngber* 35r^{5}, 38r^{1}, 43v^{17} Ingwer, *Zingiber Amomum L.*

inn gesmůckt 6v^{18} eingezogen.

kalg 30r^{9}, 37r^{15}, 70r^{13} Kalk; *vngelestem kalg* 59r^{15}, 68v^{11}, 69v^{2}, *lebendigs kalgs* 73v^{12}, 75v^{13}, 77v^{6} ungelöschter Kalk.

karcb pferd 54r^{4} Wagenpferde.

kengel 42r^{22}, 46r^{4} Kiel.

kern 41v^{15} das unter der Haut liegende Fleisch des Tieres.

kern 54r^{15} Weizen, triticum.

kese (keß-, kesse-) wasser 81v^{21,23}, 82r^{1,3}, 82v^{5} Molken.

keyssers friderichs felckner 27r^{18,22}, 30r^{11,17}, 30v^{16}, 39v^{8}, 43r^{12}, 43v^{3}, 47v^{7} s. Einleitung Teil I, 29—31.

kinreff 56r^{14}, 56v^{13} Backentasche, Kinnlade, maxilla.

klien 65r^{17,19}, 78v^{21}, 85r^{5}, *clien* 70v^{7} Kleie.

klůfft 67v^{14}, *klufft* 67v^{20}, *klůpfft* 67v^{15} gespaltenes Ende.

kopff 71r^{4}, *ko̊pff* 72r^{11} Trinkgefäß, Becher, [s]ciphus.

krebs 66r^{4}, *kreps* 66r^{10} Krebs, cancer.

krompt 81r^{11} gekrümmt, krumm.

(*des*) *krutes wurczel, das da bletter hat gar nahe als die recht rebe vnd flichtet sich hoch uff an die zůn vnd an die baume vnd hat zů dem ersten wiß blumen, dar nach werdent rote bere* 60v^{10}ff. rotbeerige Zaunrebe oder Zaunrübe, *Bryonia dioica Jacq.*, radix brioniae.

kuch 58r^{12}, *kuchen* 59r^{3}, *kůche* 58r^{9} Kuchen.

küczin 45r^{5} Zicklein.

künglin 51v^{17} Kaninchen.

kůnlin 41r^{19}, 44v^{3} Feld-Thymian oder Quendel, *Thymus Serpyllum L.* serpillum.

kurue 79r^{18,19} Krümmung, *curva*. S. hierzu Karl Hoppe in Beiträge zur Geschichte der Veterinärmedizin III, 1940/41, 215.

labdanum 37r^{3} Zistrose, *Cistus creticus L.* oder *Cistus monspeliensis L.*

lange snur 32v^{23} Lockschnur, zona valde longa.

lattich 44v^{20} Gartensalat, *Lactuca sativa L.*

latwerin 36v^{17} Latwerge, durch Kochen eingedickter Saft oder Brei.

laussen An der auder 22r^{6}, 49v^{18} zur Ader lassen.

leme 22v^{5} Lähmung.

lesse 22r^{7}, 55r^{1}, *leße* 22r^{8}, 58v^{5}, 64v^{14}, 79r^{5} Aderlaß.

letten 58v^{19}, 59v^{16}, 74r^{18} Lehm.

leyt hunde 80r^{21}, 81r^{4,13}, 82r^{10,14} Leithunde.

lichte achten 9r^{13} gering schätzen.

lidmaß 3r^{8}, 3v^{4}, 31r^{16}, 53v^{3}, *lidmäß* 3r^{7}, 8r^{1}, 52v^{6}, *lydmase* 3r^{3}, *lydmaß* 3r^{5}, 14v^{18}, 31r^{13}, 52v^{16,19}, *lydmäß* 6r^{6}, 10v^{16}, 14v^{9} Gliedmaß, Maß.

lidwurcz 73r^{13} echtes Labkraut, *Galium verum L.*, identisch mit *rorworcz*, Ryff D IIII *der wilden rőtte wurtzel / so man kleber kraut nennet.*

liebstůckel 45r^{17}, 59r^{5}, 62r^{21} Liebstöckel, *Levisticum officinale Koch.*

lilach 24v^{3,4} Leinentuch, linteamen.

linsammen 84v^{18} Leinsamen, *Linum usitatissimum L.*

loch 64r^{4}, *lauch* 70v^{6} Lauch, *Allium porrum L.*

lock luder 7v^{5} s. *luder*.

lorber 45v^{8}, 60r^{17}, *lor bletter* 35v^{10}, *lor őle* 50r^{20}, 50v^{14}, *loroles* 75r^{14} Lorbeer, Lorbeerblätter, Lorbeeröl.

lucern 17v^{8}, 34r^{13}, 51v^{15} Leuchte, Öllampe, lucerna.

luder 5v^{6,16}, 7v^{7}, *lůder* 6r^{3} Luder; *lock luder* 7v^{5}. Albertus (Stadler 1456^{34}) hat für das Luder das aus dem gr. stammende Wort *chorda*. Er beschreibt die *chorda* mit folgenden Worten chorda quiddam ex quatuor alis vel pluribus colligatis ad modum avis colligatum cui caro recens superligatur = das

Luder, das aus vier oder mehr Flügeln nach Art eines Vogels zusammengebunden ist und dem frisches Fleisch oben darauf gebunden wird. Daneben finden wir bei ihm (1457[16], 1458[23]) für das Luder den Ausdruck *reclamatorium*, den Münsinger in Anlehnung an *reclamare* = durch Schreien locken mit dem unüblichen und anderweitig nicht bezeugten Wort *lock luder* übersetzte.

lůnisch 85 r[11] hat bei Münsinger nicht die Bedeutung von launisch sondern von wahnsinnig, besessen. Es steht für lynphaticus (Stadler 1366[28]).

lufft falcken 6 v[8] s. *sackerfalcken*.

lußkrut 21 v[18], 24 v[2], 38 v[12], 39 v[12], 40 v[18], *lůß krut* 27 v[5], *luß krut samen* 48 v[14], 49 r[3] *Delphinium Staphisagria L.*

lutert 8 v[18] wird heller.

mag 70 v[13] Magen.

mangolt safft 85 r[19] Saft des Mangolds oder der Runkelrübe, *Beta vulgaris L.*

marck 12 v[12] Mit „der Mark" wurde von Münsinger *Estonia* übersetzt. Bei Albertus (Stadler 1465[31]) heißt es: a regionibus Norwegiae et Suveciae et *Estonia*.

masleide 43 r[2], 45 v[2], *masleyde* 45 v[1], 49 r[14, 15], *maßlayde* 28 v[20], *maßleide* 54 v[16] Ekel, Widerwillen gegen Speise, festidium.

mastix 19 r[21], 38 r[21], 40 r[21] Harz der Pistazie, *Pistacia Lentiscus L.*

mee 41 v[4] mehrfach.

megerunge 19 r[17], 19 v[13] Abmagerung.

megrin 19 v[17], 31 v[19], 81 v[15], 85 v[10], *megerin* 20 r[3], 47 v[12] Magerkeit.

meler 12 v[16] s. *falcken meler*.

menden 69 v[13] Monaten.

merbonen 84 r[16] weiße Lupine, *Lupinus albus L.*; Ryff B I v spricht von *bitteren feigbonen Lupini genant*.

metten zyt 17 v[8] bis zur Morgenfrühe, Zeit der Frühmesse.

meyen smalcz 84 v[7] Maibutter, butirum mense Magii factum (Stadler 1366[9]).

meyoran 37 v[8] Majoran, *Majorana hortensis Moench.* Münsinger übersetzte mit *meyoran* das lat. Wort *sambacum*, dem bei Albertus (Stadler 1486[19]) das Wort *saturegiam* folgt. Er setzte somit einen nahen Verwandten des Pfeffer- oder Bohnenkrauts, *Satureia hortensis L.*, in Form des Majorans an die Stelle einer ihm vielleicht nicht geläufigen Pflanzenart. *sambacus* ist eigentlich die Bezeichnung für *Jasminum Sambac.* Dies war offenbar auch den anderen Übersetzern nicht bekannt. Sie machten deshalb aus *sambacum* das ihnen verständlichere Wort *sambucum* = schwarzer Holunder, *Sambucus nigra L.* Siehe voc. *sambucum* im Glossar zur Übersetzung des Wernherus Ernesti.

milchsmalcz 49 r[4], 65 v[17], 75 v[7], 81 v[10], 84 r[13] Butter, butirum.

milten samen 84 r^{11} ist nicht eindeutig zu klären. *milte* deutet auf *melte*, die Gartenmelde, *Atriplex hortensis L.*, hin, Ryff B I v übersetzte *Staphis korner* und dachte demnach an *Delphinium Staphisagria.* Albertus (Stadler 1365^{30}) spricht von semine acalipis trito = geriebenem Acalipis-Samen. acalipis leitet sich von gr. ἀκαλήφη her, der Bezeichnung für eine der Urtica-Arten. Wir kennen in ma. Texten *acalife*, *akalyphe*, *acaliphe* sowohl für die große Nessel *Urtica dioica L.*, als auch für die kleinere Brennessel, *Urtica urens L.*

mirren 51 r^{14} Myrrhe, *Commiphora Myrrha Engl.* und *Commiphora opobalsamum Engl.*

mirabolones kebuli 22 r^{17} Früchte mit hohem Gerbstoffgehalt von dem in Indien wachsenden Baum *Terminalia chebula*; a. *mirabolones citrini* 25 r^{1}.

mirtel 39 v^{1} Myrte, *Myrtus communis L.*

missig 64 v^{4} müßig.

monichen 53 v^{20}, *monichet* 54 r^{8} zum Mönch machen, entmannen, verschneiden, kastrieren.

montaner 5 v^{18}, 8 v^{8,11,19}, 9 r^{19}, 9 v^{4} Eine kritische Textausgabe des Ptolemäusbriefes würde wahrscheinlich die Antwort auf die Frage erleichtern, welche Greifvogelart unter dem *montaner* zu verstehen ist. Allem Anschein nach handelte es sich hierbei um die kleinere, dunklere und stärker gezeichnete mitteleuropäische Form des Wanderfalken, die Friedrich II. von Hohenstaufen *falco gentilis absolutus* nannte.

Albertus folgte weitgehend seiner Quelle, dem Ptolemäusbrief, von dem wir wissen, daß er dessen veterinärmedizinischen Teil in seine Abhandlung De falconibus ungekürzt übernahm. Inwieweit sein Kapitel VII mit einer Fassung des Ptolemäusbriefes übereinstimmt, wird erst mit dessen Edition geklärt werden. Die vorliegende gedruckte Kurzfassung (Hieracosophion, Ausg. Nic. Rigaltius, Lutetiae 1612, Teil II, 204) enthält nur die Worte: Tertium genus *Montanum* dicitur, et hoc asperius et subtilius est, womit auf sein angeblich ungestümeres und zugleich zarteres Wesen hingewiesen wird. Unklar bleibt, mit wem er hier verglichen wurde, doch hätte angenommen werden dürfen, daß hierfür nur der zuvor als zweite edle Art genannte peregrinus in Frage kam. Diese Schlußfolgerung aber wäre falsch. Die 1612 von Rigaltius editierte Kurzfassung beruhte auf einem in mehreren Handschriften überlieferten lateinischen Text, dem stets die Beschreibung der vierten und fünften Falkenart fehlt. Diese Lakune ist für einen der Handschriftenstämme kennzeichnend, zu dem auch der gedruckte Text gehört. Rigaltius, der die Lücke bei der Herausgabe bemerkte, kennzeichnete sie jedoch falsch, denn ein Vergleich mit dem von ihm gleichzeitig edierten katalanischen Text des Ptolemäusbriefes (ebenda 189) hätte ihm zeigen sollen, daß die Worte hoc asperius et subtilius est, die dort als d'person aspre et subtill erscheinen, den Schluß der Beschreibung der fünften edelen Falkenart bilden, also zu dieser gehören und über den *montanarius*, der im katalanischen Text als *montasi* vorkommt, nichts aussagen. Aufschlußreicher hinsichtlich der ursprünglichen Fassung des Ptolemäusbriefes und der in ihm enthaltenen Angaben über den *montanarius* ist das, was Vinzenz von Beauvais im Speculum Naturale (Venedig 1494, Lib. XVI, Cap. LXXI fol. 200 v) unmittelbar aus dem Ptolemäusbrief schöpfend brachte. Vinzenz hatte sowohl diesen als auch den Liber de animalibus des Albertus bei Abfassung seines Kapitels über die verschiedenen Falkenarten zur Hand. Ausdrücklich beruft er sich auf die erste dieser beiden Quellen: Scripserunt aquila simachus et theodocion epistolam ptolemeo regi egypti, in qua tractaverunt de auibus nobilibus et earum medicinis. Was er nun über den *montanum* sagt, stimmt wörtlich mit dem ersten Abschnitt (Stadler 1450^{4-9} ... cinerei) und dem ersten Satz im zweiten Abschnitt (Stadler 1460^{12-13} ... irae) des siebenten Kapitels bei Albertus überein. Da sich Albertus aber noch mehrfach auf den Ptolemäusbrief bezieht und Vinzenz diese Quelle nicht mit gleicher Ergiebigkeit wie er benutzte, ist zu vermuten, daß weitere Teile dieses siebenten Kapitels auf Albertus selbst zurückgehen.

Die auf Albertus folgenden Autoren vermochten nichts zur Klärung des *montaner*-Problems beizutragen. Münsinger ($8v^{8}$) übersetzte wörtlich *montaner, das sint bergfalcken* und führte damit eine Bezeichnung in die deutsche Falknersprache ein, die zuvor nicht bekannt war und sich auch niemals einbürgern konnte, weil sie in der Praxis keinen Wiederhall fand. Das Wort *Bergfalke* blieb nur in einem wirklichkeitsfremden Schrifttum am Leben und hat zu allen Zeiten allein in verstaubten Folianten existiert. In die deutsche Jägersprache ist es niemals eingegangen. Dies scheint Münsinger selbst empfunden zu haben, denn er gebrauchte die latinisierte Form *montaner* oder *montaner falck* wesentliche häufiger als *bergfalcke*. Ryff (Thierbuch Alberti Magni, Frankfurt/M. 1545, fol. L III r) hat *Bergfalcke* übernommen, als er Albertus übersetzte. Conrad Gesner (De avium natura, Zürich 1555, 68) lehnte sich in dem Kapitel De falcone *montano* eng an Albertus an und wußte kaum mehr als dieser über ihn zu sagen. Seine wenigen Ergänzungen sind wörtlich der Fauconnerie des Guillaume Tardif (Poitiers 1567, 7/8) entnommen. Aber auch im französischen Fachschrifttum spielte der *Faucon montaigner* keine bedeutende Rolle. Etwas mehr finden wir über ihn in der italienischen Literatur. Federico Giorgi (Libro del modo di conoscere i buoni falconi, Venedig 1547, fol. 5 v) nennt als Heimat der *falconi montanari* die Lombardei und lobt ihre Eignung zur Beize auf Wasserwild und größere Vogelarten. Kennzeichnend für sie war der runde schwarze Kopf, auf den auch Francesco Sforzino da Carcano (Tre libri de gli vccelli, Venedig 1568, lib. I, 16) in seinem sehr ausführlichen, aber widersprechenden Kapitel *Delli falconi montanari* hinweist. Da die vielfach entgegengesetzten Äußerungen des Albertus und des Carcanus nicht auf einen Nenner zu bringen waren, sah Ulysses Aldrovandi (Ornithologiae hoc est de avibus historiae libri XII, Bononiae 1599, Lib. VII, 477 ff.) keinen anderen Ausweg als zwei Arten von *Montanerfalken* nebeneinander zu stellen. In der deutschen Literatur erlebte das inhaltslose Wort *Berg-Falcke* seine letzte Auferstehung bei Pacius (Ansbach 1756, 444).

Friedrich August Ludwig Thienemann (Kritische Revision der europäischen Jagdfalken, Rhea, Ztschr. f. d. ges. Ornithologie, 1. Heft, Leipzig 1846, 95) stellte resigniert fest, es werde wohl niemals mit Sicherheit zu ermitteln sein, welche Falkenart mit dem *montanarius* des Albertus eigentlich gemeint sei. Auch Suolahti (Die deutschen Vogelnamen, Straßburg 1909, 336) wußte den *Bergfalken* nirgends einzuordnen. Einige Autoren, wie Thienemann und Suolahti waren geneigt, ihn in die Nähe des Gerfalken, andere, wie Ernst von Dombrowski (Allg. Encyklopädie der gesammten Forst- und Jagdwissenschaften, I, Wien und Leipzig 1886, 538) zum Wanderfalken zu stellen.

Mir scheint die Deutung keineswegs so schwierig zu sein. Ich bin davon überzeugt, daß es sich – vorzugsweise um den Nestling oder Ästling – von *Falco peregrinus germanicus Erl.* = *F. p. rhenanus Kleinschmidt* handelt, wobei unterstellt wird, daß die in den Alpen und Norditalien horstenden Wanderfalken dieser Subspezies zuzurechnen sind. Dabei lasse ich mich von der auf Grund eines jahrelangen Studiums der europäischen Beizjagdliteratur gewonnenen Erkenntnis leiten, daß die mittelalterlichen Falkner einen überaus geschulten Blick für die Unterschiede der einzelnen Arten nach Alter und Herkommen besaßen und unter einem *montanarius* auf jeden Fall etwas anderes als unter einem *peregrinus* (s. *pilgrin falcken*) verstanden.

Das Wort *montanarius* erscheint zuerst in Falkentraktaten, deren Entstehungszentrum im mediterranen Raum zu suchen ist. Das gilt zunächst für den hier als Quelle dienenden Ptolemäusbrief. Aber nicht nur in ihm stieß Albertus auf die *falcones montanarii*, sie begegneten ihm auch in dem ebenso nachhaltig von ihm benutzten Dankustraktat, dessen 31. Kapitel De natura *montanarii* überschrieben ist. Seltsamerweise nahm Albertus dessen Inhalt in seine Abhandlung nicht mit auf. In der ins 15. Jahrhundert gehörigen deutschen Übersetzung eines kompilierten Falkentraktats, in den ein Dankustext einging, finden wir deshalb das Wort *pergfalcke* wieder (Antje Gerdessen, Beitrag zur Entwicklung der Falknerei und der Falkenheilkunde, Diss. Han-

nover 1956, 136). Auch hier half sich der Übersetzer mit einem von ihm selbst geschaffenen Wort ohne Resonanz und Lebenskraft.
Für meine Vermutung, daß wir unter dem *montanarius* den heimischen, dem Horst entnommenen Wanderfalken der Form *Falco peregrinus germanicus Erl.* zu verstehen haben, scheint folgendes zu sprechen: Wir wissen, daß die mittelalterlichen Falkner den ausgehorsteten Jungvogel und den auf dem Zug gefangenen Wildling unterschiedlich benannten, wobei diese Bezeichnungen, wie wir durch Charles d'Arcussia erfahren, im Laufe der Zeit eher verfeinert als verwischt wurden. Albertus erwähnte an erster Stelle den Saker-, an zweiter Stelle den Gerfalken. An vierter Stelle erscheint der Pilgrimfalke, worunter man den auf dem Herbstzug gefangenen Wildling der lichteren und etwas größeren Form *Falco peregrinus peregrinus Tunst.* verstand. Es fehlt dagegen der gebräuchlichste Beizvogel für den hohen Flug, der – in südwestdeutscher oder oberitalienischer Sicht – im eigenen Land ausgehorstete Falco peregrinus. Gerade dieser aber wurde „aus den Bergen", „von den Felsen" gebracht. Die *montanarii* waren die „in Gebirgen Wohnenden". Wenn die Beschreibung von Aussehen und Verhalten, die Albertus gibt, auch nur wenig Aufschluß bringt, so sind doch zwei seiner Bemerkungen bedeutsam. Einmal (Stadler 1461[12]) sagt Albertus Iste falco frequentius invenitur quam praeinducta duo falconum genera, wobei er unter den zwei weniger häufigen Arten den Saker- und den Gerfalken verstand. Andererseits heißt es beim *peregrinus* (Stadler 1462[36]) Est autem hic falco (peregrinus) qui communiter habetur fere in omnibus terris quantitatis minoris quam *montanarius*. Der *montanarius* wurde demnach in fast allen Ländern in größerer Zahl gehalten (habetur) als der (wohl auch teurere), auf dem Herbstzug gefangene, vermauserte *peregrinus*. Diese lat. Textstelle wurde übrigens von allen Übersetzern mißverstanden. Dies gilt auch für Münsinger (10v[1]). Albertus wollte nicht sagen, daß der *peregrinus* von geringerer Größe als der *montanarius* sei, sondern daß er in geringerer Zahl als dieser gehalten wurde. Nach alledem scheint festzustehen, daß Albertus unter dem wahrscheinlich aus südlicher Sicht geprägten Wort *montanarius* den Nestling oder Ästling der Wanderfalkensubspezies seiner Heimat *Falco peregrinus germanicus Erl.* verstand, die von ihm deutlich einerseits gegenüber den weit selteneren Saker- und Gerfalken, andererseits gegenüber dem während des Herbstzuges gefangenen, aus dem Norden oder Nordosten kommenden Wildling von *Falco peregrinus peregrinus Tunst.* abgegrenzt wurde.

morfel 64v[18] morvella (Stadler 1486[30]).

můsen 8v[19], *musen* 49v[6,7], *můßen* 41v[3], *muße* 47r[16,17], 49[12], *můset* 4r[5], 31r[8,9], *muset* 42r[3,5,16], 47v[3,6], *gemůset* 15r[13], *gemůßt* 41v[4], *mußt* 42r[16] mausern, vermausern, mausert, vermausert, gemausert.

můser 11v[5,9] s. *swemer*.

můser, roter 13v[9] Albertus (Stadler 1466[38]) spricht von einem *lanario rubeo;* gemeint war wohl der Turmfalke *Falco tinnunculus*.

můser, swartzer 12r[12] Als *swartzen můser* bezeichnete Münsinger die dunkle Varietät des Mäusebussards (Buteo buteo), den Albertus *butherius* (Stadler 1464[40]) nannte. *bůcher* 12[13] ist wohl *bůzer* zu sprechen.

můser, wisser 12v[18], 13r[4], 15r[11] Unter dem *wissen můser, den etlich laner heissent*, haben wir vermutlich eine helle Varietät des farblich stark streuenden Mäusebussards (*Buteo buteo*), mit geringerer Wahrscheinlichkeit den hell wirkenden Rauhfußbussard (Buteo lagopus), auf jeden Fall aber einen Bussard zu verstehen. Albertus kannte den Lannerfalken (*Falco biarmicus*) unter den Namem *Lanner* überhaupt nicht; er spricht vom *F. biarmicus* vielmehr als *falco qui habet pedes azurinos* (s. *blafůß*). Von einer Ausnahme abgesehen ist bei ihm der *lanarius* stets identisch mit einem Bussard. Dies gilt von den Vögeln *quae lanarii a philosophis, a vulgo autem Germanice smeimere dicuntur* (Stadler 1456[10]); hier stoßen wir bereits auf die für Albertus typische Gleichsetzung von *lanarius* und *sweimer*. Daß der *lanarius* des Albertus ein Mäusefänger war, wird mehrfach betont. Einmal (Stadler 1465[38]) ist von der äußerlichen Ähnlichkeit des *lanarii albi qui volat in campis insidiando muribus* mit dem weißen Falken die Rede, die zu dem in Falknerkreisen verbreiteten Aberglauben geführt habe, dieser sei ein Bastard zwischen einem Wanderfalkenmännchen und einem hellen Mäuse- (oder Rauhfuß-)bussardweibchen. In einen rechten Konflikt kam Albertus nun, als er im Ptolemäusbrief auf mehrere Lannerformen als echte Falken stieß. Ihm blieb nichts anderes übrig, als die Zugehörigkeit seiner *lanarii* zu den Falken zu bestreiten (Stadler 1469[11]ff.). *Falconum . . . genera sunt tria quae antiqui . . . lanarii . . . vocantur : et hoc vocabulum quidam Germanicorum imitantes ea suo ydiomate lanere vocant. Quidam autem sweimere vocare consueverunt : et sunt butherii quidam mures in campis insequentes per colores differentes : quia sunt albus et niger in quantitate falconum et rubeus qui minor est qui mirle imitatur*. Hier spricht Albertus unmißverständlich aus, daß seine *lanarii* Bussarde sind, die auf den Feldern Mäuse jagen und in hellem und dunklem Federkleid vorkommen. Neben ihnen stand, nur dem Namen nach verwandt, der weit kleinere Turmfalke. Im Hinblick auf die Tatsache, daß das Wort *Lanner* dem ganzen mhd. Schrifttum fremd ist, da *F. biarmicus* als *blâvuoz* im allgemeinen Sprachgebrauch lebte, erhebt sich die Frage, ob die von Albertus ausdrücklich als im Deutschen übliche volkstümliche Bezeichnung *laner* (wohl *lâner*) von einem anderen Wortstamm als dem lat. *lanarius* herzuleiten ist. Erinnert sei beispielsweise auch an das etymologisch noch ungeklärte Wort *lahnen*, das in sehr verschiedener Bedeutung bei Pacius (221, 262, 323, 324) vorkommt. Vgl. a. Friedrich II, De arte venandi cum avibus, ed. Jo. Gottl. Schneider, Leipzig, II, Leipzig 1789, 129, voc. Lumbi, die *Lahnen*. Fritz Engelmann, Die Raubvögel Europas, Neudamm 1928, 819, voc. *Lahnen*.

můserin 12 v^{20} Mäusebussardweibchen, *Buteo buteo* ♀.

můß 41 v^{13}, *muß* 41 v^{11}, 47 v^{4}, *můß* 47 v^{8}, *muse* 49 v^{9}, *muße* 42 r^{13} Mauser; *wann er die muß gancz an jm bät* wann er sich ganz gemausert hat.

můße korb 36 r^{18,19}, *muß korb* 41 v^{5,10} aus Flechtwerk hergestellter Korb oder Käfig, in den der Habicht während der Mauser gesetzt oder – wie es in der Standessprache der Beizjäger hieß – „gestoßen" wurde. Vgl. a. Kurt Lindner, Die deutsche Habichtslehre, Berlin 1955, 256 N. 8.

muscat nuß 22 r^{16}, *muscaten* 25 r^{10} Muskatnuß, der getrocknete Samen von *Myristica moschata Thunbg.*

mußbraten 52 v^{11}, 61 v^{14,16,19}, 63 r^{8}, 69 v^{15,20}, *mußbrat* 59 r^{20} Muskel, Muskeln.

muß ore 67 v^{1} Vogelmiere, *Stellaria media Dill.*

mustet 2 v^{4}, *můstet* 2 v^{13} Sperbermännchen, *Accipiter nisus* ♂. Über die dritte und vierte der Habichtsarten heißt es in der Vorlage (Stadler 1493^{8}) et nisum in genere tertio et *muscetum* in genere quarto, womit der Sperber (d.h. das Sperberweibchen) als dritte, der Sprinz (d.h. das Sperbermännchen) als die vierte Art der accipitres bezeichnet wurde. Zwar ist 2 v^{1} von den *viererley geslecht der hebich* die Rede, aber die Handschriften der Gruppe x^{1} kennen nur drei. Die dritte Art, der nisus, entfiel bei ihnen versehentlich und der *mustet* rückte auf die dritte Stelle. S. hierzu a. Einleitung Teil I, 102/103.

nacht schaden 63 v^{6} schwarzer Nachtschatten, *Solanum nigrum L.*

negelin 22 r^{16}, 23 v^{7}, 35 r^{4}, 35 v^{9}, 36 v^{10}, 39 r^{13}, 41 v^{9} Gewürznelke, *Eugenia caryophyllata Thunbg.* Wenn Münsinger das Wort *gariophilus* seiner lat. Vorlage durch Nelkenwurz, *Geum urbanum L.*, übersetzen wollte, sprach er von *benedicten krut*.

nessel 44 r^{1}, 51 r^{20}, 65 r^{15}, 78 r^{3} Nesseln, vorzugsweise die große Nessel, *Urtica dioica L.*; *nessel safft* 55 v^{8}, s. a. *eytter nessel*.

nest 17 v^{14,15} Münsinger übersetzt *nidus* stets mit *nest*; das viel jüngere Wort *Horst* ist ihm noch nicht geläufig.

nieswurcz 67 v^{1} schwarze Nieswurz, *Helleborus niger L.*

nieswurcz, wiß 44 v^{4}, 45 r^{15} eine der Weißwurzarten, *Polygonatum officinale Moench.* oder *Polygonatum verticillatum All.*, oder die weiße Nieswurz, *Veratrum album L.*

nigella 46 r^{7} Kornrade, Schwarzkümmel, *Nigella sativa L.* bzw. *Nigella arvensis L.*

none zyt 22 r^{23}, *nünden stund* 71 v^{8} die neunte Stunde, nach unserer Zeitrechnung drei Uhr nachmittags.

nydert 12 v^{3} mindert.

öll magen krut 51 r^{3} Ölmagenkraut, Mohn, *Papaver somniferum L.*

oloe s. *bitter oloe.*

oppriment 44 v^{10} Auripigment, As_2S_3

ort 61 v^{6}, *orten* 61 v^{4,6,8} Enden; *ort* 29 r^{9} orientalis, morgenländisch.

ort der flügel 50 v^{6} Anfang der Flügel, gemeint waren die Handwurzelknochen. Im Text des Albertus wurde vorgeschrieben, die Blätter der Gundelrebe dicht auf den Seiten der Flügel aufzubinden, alis eius iuxta latera circumliga (Stadler 1491^{9}). Ryff (O II r) übersetzte deshalb besser als Münsinger *binde es jm bei der seitten her vber die flügel.* Pacius 515 folgte wie so oft auch hier Ryff.

ortezann 56 r^{12} der letzte, hinterste Zahn, dens extremus.

papier 27 v^{17} steht irrtümlich für butyrum (Stadler 1479^{1}), Butter, Ernesti 5 v^{20} *botter.*

pfawen blut 22 r^{16} Pfauenblut, sanguis pavonis; *pfawen fleisch* 23 r^{6} Pfauenfleisch, caro pavonis; *pfawen federn* 29 r^{16} Pfauenfedern, pavonum pennae.

pfecze 34 v^{1} (mit den Klauen) zerfetze, laceratio unguium.

pfipffig 34 v^{17} verschnupft, verschleimt.

pfrymen krut 71 v^{14} Färber-Ginster, *Genista tinctoria L.*, Albertus (Stadler 1391^{26}) *genestae.*

pilgrin falcken 9 v^{10,11,21}, 10 r^{10}, 12 r^{5,11}, 12 v^{4,6,17,19}, 14 r^{3,4,6,7,11}, 16 r^{2,3,5}, *bilgrin falcken* 10 v^{21}, 11 v^{1}, *pilgrin* 12 v^{7} Für den *Pilgrimfalken* gibt es zwei Deutungsmöglichkeiten, die einander nicht ausschließen. Wahrscheinlich ist der *peregrinus* des Albertus mit jener Form des Wanderfalken identisch, die Friedrich II. von Hohenstaufen *falco gentilis peregrinus* bezeichnete. Darunter verstehen wir die lichtere und etwas größere nördliche Subspezies *Falco peregrinus peregrinus Tunst.* Ebenso kann es sich aber auf den auf dem Herbstzug gefangenen Wildling von *Falco peregrinus peregrinus Tunst.* gehandelt haben. Wir stoßen hier auf eine der großen Schwierigkeiten bei der Deutung mittelalterlicher oder frühneuzeitlicher Beizvogelnamen, denn der heimische Nestling und der während des Zuges gefangene Wildling einunddderselben Art wurden häufig unterschiedlich bezeichnet, was durch das divergierende Aussehen eines Falken im rötlich-gelben Jugendkleid und eines vermauserten Artgenossen im graufahlen Alterskleid gefördert worden sein mag. Albertus ging von der zu seiner Zeit landläufigen Vorstellung aus, niemand wisse, wo der Pilgrimfalke niste und niemand habe jemals seinen Horst gesehen. Als überraschend muß von seinen ornithologisch interessierten Zeitgenossen die diese Auffassung entkräftende Mitteilung von der Begegnung mit einem Eremiten aufgefaßt worden sein, der ihn auf die Existenz von Wanderfalkenhorsten in den Alpen hinweisen konnte und damit die bei den Falknern fest verwurzelte, im Namen dieser Falkenart zum Ausdruck gekommene Auffassung ins Wanken brachte. Daß der *bilgerin*, dessen Name schon in der mhd. Dichtung des 13. Jahrhunderts vorkommt, vorzugsweise der während der Zugzeit im Herbst gefangene Wanderfalke war, wissen wir durch Charles d'Accussia (Fauconnerie, Rouen 1644, 7): „Vous donnerez au Faucon cinq noms differens en la premiere année . . ., si (on le prend) en Septembre, Octobre, Nouembre et Decembre, vous le nommerez *Pellerin* ou Passager, signifians ces deux noms vne mesme chose . . .". Im Ptolemäusbrief wird der *peregrinus* an zweiter Stelle nur kurz erwähnt.

pleste 54 r^{17} Blähungen.

puckeln oder peyvas 49 v^{15} N eine der Beifußarten, entweder der echte Beifuß, *Artemisia vulgaris L.*, oder der Feldbeifuß, *Artemisia campestris L.*

quenuel 44 v^{2} Quendel oder Feld-Thymian, *Thymus Serpyllum L.*

radbůlen 62 v^{20,22}, 63 v^{9,17}, 64 r^{3,8}, 67 r^{13,18} Blutbeule, Hämatom.

raden 28 v^{17}, 46 r^{6} Kornrade, Schwarzkümmel, *Nigella sativa L.* bzw. *Nigella arvensis L.*

rampffen 51 r^{18} Krampf.

rauchs honigs 63 v^{19}, *rohen honig* 64 r^{2} roher, ungeschleuderter Honig, mel crudum; im ersteren Fall (63 v^{19}) ist Münsinger ein Übersetzungsfehler unterlaufen. Bei Albertus (Stadler 1385^{38}) ist nicht von zwei Maß *rohem Honig*, zwei Maß Wein und zwei Maß altem ungesalzenen Schweineschmalz sondern von zwei Maß *Selleriesaft*, zwei Maß Wein und einem Maß altem, vom Salz befreiten Schmalz die Rede.

rebeschen 23 r^{8}, 35 v^{21}, 40 r^{10}, 45 v^{16} Asche von Reisern des Weinstocks.

rech 78 r^{12}, 78 v^{7}, *reche* 23 r^{12}, 78 r^{11,22}, *recht* 23 r^{13}, *die rech* 78 v^{5}, *die reche* 79 r^{6,15} Die bei Albertus bzw. Münsinger gegebenen Anweisungen betreffen Verhaltungsvorschriften in Fällen von toxischer Rehe (Futterrehe) sowohl bei Falken 23 r^{12}ff. als auch bei Pferden 78 r^{11}ff.

refierunge 4 v^{18} die normale Deutung *Gegend in einem gewissen Umkreis* scheint dem Sinn nicht ganz zu entsprechen, doch ist auch eine andere Erklärung nicht ohne weiteres möglich. Vgl. hierzu auch Hermann Fischer, Schwäbisches Wörterbuch, V, Tübingen 1920, 324 voc. *Revier*, *Revierung*.

reigel 31 v^{6} Fischreiher, *Ardea cinerea.*

reinfan 84 r^{22} *Tanacetum vulgare L.*

reissig pfert 53 v^{19} zur Reise dienendes Pferd, Reitpferd, palefridus (abgeleitet von paraveredus = Beipferd, Extrapostpferd, Reitpferd).

reppig 77 r^{2,11} steif, bewegungsunfähig.

reren 41 v^{12} fallen lassen, verlieren.

rettich 36 r^{16}, 37 v^{3}, 41 r^{2}, *rettich safft* 21 r^{3}, *rettig safft* 29 v^{6}, *rettich bletter* 45 v^{18}, *rettich wurczel* 70 r^{4,8} Rettich, *Raphanus sativus L.*, bzw. dessen Saft, Blätter oder Wurzeln.

reubarbarum 38 r^{10}, 39 r^{7} Rhabarber, *Rumex Patientia L.*

rewen 31 v^{1} Krähen.

ridig 73 r^{22}, *rudig* 73 r^{23}, 73 v^{1,3,4,6} räudig.

rinblumen, gelbe 84 r^{24} Sandruhrkraut, Reinblume, gelbe Immortelle, *Helichrysum arenarium L.*

ritenden netze 11 v^{4} (mit einem) beweglichen Netz; einem Netz, das gewendet werden kann, rete . . . quod faciliter . . . convertitur.

ro̊tte 55 v^{2} Krankheit mit rotem Hautausschlag.

romisch komich 35 r^{5}, 35 v^{10}, *romsch kommel* 49 r^{21}, 60 r^{17}, 84 v^{16} Römischer oder Welscher Kümmel, *Cuminum cyminum L.*

rorworcz 73 r^{12} echtes Labkraut, *Galium verum L.*, identisch mit *lidwurcz* 73 r^{12}, Albertus *rubea campestris* (Stadler 1392^{34}).

rosmarin 36 r^{14}, 37 v^{8}, 41 r^{19} Rosmarin, *Rosmarinus officinalis L.*

roso̊le 50 r^{11}, *roß o̊le* 63 v^{6} Rosenöl, oleum rosatum.

roß swantz 74 r^{5} ist eigentlich die Bezeichnung für eine Schachtelhalmart, vielleicht *Equisetum arvense L.*, aber diese Erklärung ist wenig wahrscheinlich. Albertus sagt herba, quae dicitur pes equi sive ungula caballina (Stadler 1393^{23}). Die Bezeichnung ungula caballina kennen wir für mehrere Pflanzenarten: *Adenostyles albifrons L.*; die europäische Haselwurz, *Asarum europaeum L.*, an welche Albertus wohl gedacht hat; die weiße Seerose, *Nymphaea alba L.*; die gelbe Seerose, *Nuphar luteum Smith*; den gemeinen Huflattich, *Tussilago farfara L.*; Ryff D IIII v spricht von *roßbub kraut / so man auch brandt lattich nennet.* Diese beiden von Ryff gegebenen Bezeichnungen beziehen sich auf den gemeinen Huflattich, *Tussilago farfara L.*

roswasser 42 v^{12}, *roßwasser* 24 v^{23}, 25 r^{18}, 25 v^{4} Rosenwasser, aqua rosacia.

rotel wurcz 78 v^{7} gelbe Reseda, echter Wau, *Reseda Luteola L.*

rot falcken 13 r^{12,14,19} s. *swartzfalcken.*

rucken kligen 62 r^{22} Roggenkleie; Albertus hat furfures tritici = Weizenkleie.

ruckens mels 64 r^{11}, 77 v^{6}, *rucken mele* 67 v^{7} Roggenmehl.

rud 73 v^{7}, *ruden* 73 r^{23,26}, 73 v^{6,8}, 74 r^{11,12}, 74 v^{3,8} Räude, scabies.

růfen 25 v^{14} Schorf, crustam sive corticem.

růhe 10 r^{1} Rauhheit, Wildheit.

růten 37 v^{4}, 46 r^{5}, *ruten* 39 v^{16}, 41 r^{18}, 44 r^{13}, 48 r^{1}, 48 v^{18,19} Raute, wohl vornehmlich *Ruta graveolens L.*

ruge 4 v^{22}, 53 r^{13}, *rugen* 72 v^{9}, *ruget* 5 r^{3}, *růge* 53 r^{10}, *Rugen* 5 r^{3} ruht, ruhen, Ruhe; bei den Falken so viel wie in der Luft stehen.

rytte 8 v^{15} ritte, dem anderen Schuppen aufsäße.

sachs 3 v^{10} die längste, ausladendste Flügelfeder eines Beizvogels, die ihren Namen nach dem ihr ähnelnden, einem langen Messer gleichenden Kurzschwert, dem *sahs*, erhalten hatte. Münsingers Worte sind zu lesen: Und die Flügel berühren sich hinten gegenseitig mit der längsten oberen Feder, (nämlich) an der Sachs. Das Wort kommt schon im 14. Jahrhundert bei Heinrich von Mügeln (Lang, Ostdeutscher Minnesang 1958, 60, 17, 12) vor: die *sachsen feder* und die schelle verloren / in irem dinst ich habe ...

Wir finden das Wort noch im Neuw Jag vnnd Weydwerck Buch (Frankfurt/M. 1582, II. Teil, 4. Buch, Kap. XI fol. 58 r): Dann so man jhm das Aaß beut, so rupffet er darvon / vnd schwäncket einen *Sachsen* oder Fittich. Diese Textstelle geht auf das Beizbüchlein (Kurt Lindner, Die deutsche Habichtslehre, Berlin 1955, 184, fol. 28 r^{8}) zurück: vnnd so man jm das ässe bewt, so beysset er dauon vnd schwenckt einen vettich. In der Vorlage fehlt das Wort *sachs*, das erst von dem Kompilator, der das Neuw Jag vnnd Weydwerck Buch zusammenstellte, in einem nicht ganz zutreffenden Sinn eingefügt wurde. Die *sachs* (Neuw Jag vnnd Weydwerck Buch: der *Sachs*) war nicht der Flügel sondern nur die längste, dolchartige Flügelfeder. Der lebenden Falknersprache ist das schöne Wort leider verloren gegangen.

sackerfalcken 6 v^{5}, 6 v^{7}, 7 r^{5,6}, 7 v^{22} Wir haben es wohl in erster Linie auf den wachsenden östlichen Einfluß als Folgeerscheinung der Kreuzzüge anzusehen, daß Albertus Magnus den in den Steppen Asiens und Südrußlands beheimateten, auch in Südosteuropa nistenden Saker- oder Würgfalken (*Falco cherrug cherrug Gray*) als erste der edlen Falkenarten an die Spitze des ornithologischen Teiles seines Traktats über die Beizjagd stellte. Da die Beschaffung dieser für die Beize vorzüglich geeigneten Falkenart ganz auf Importe durch den Falkenhandel beschränkt war, spielte sie im mittel- und westeuropäischen Bereich jagdlich keine sehr bedeutende Rolle, wurde zumindest kaum häufiger gebraucht als der aus Nordeuropa angelieferte Gerfalke. Albertus dürfte den Sakerfalken bei seinem Aufenthalt in Italien kennengelernt haben, wohin er handelsweise aus dem Südosten häufiger gelangte als nach anderen Teilen Mittel- und Westeuropas.

Der Name dieser Falkenart leitet sich vom arab. sakr her (Karl Lokotsch, Etymologisches Wörterbuch der europäischen Wörter orientalischen Ursprungs, Heidelberg 1927, 143). Auffälligerweise fehlt diese Spezies in dem von Albertus fleißig benutzten Ptolemäusbrief, jedenfalls unter dem Namen Saker. Dagegen wird dort als siebente edle Falkenart der *britannicus* genannt, den Albertus unbedenklich mit dem Saker identifizierte, obgleich sich dessen Verbreitungsgebiet nach dem derzeitigen Stand unseres Wissens nicht bis nach Britannien erstreckte. Nachdem uns allerdings die Rückzugsbewegung des Lannerfalken (*Falco biarmicus*) so deutlich vor Augen steht, wird auch die Frage des Lebensraumes von *Falco cherrug* im Mittelalter erneut mit Sorgfalt zu prüfen sein. Können wir doch die Tatsache nicht außer Acht lassen, daß abgesehen vom Ptolemäusbrief auch von Friedrich II. (De arte venandi cum avibus Ausg. J. Gottl. Schneider, Leipzig 1788, lib. II, cap. IV, 75) Britannien ausdrücklich als Heimat des Sakerfalken genannt wird, wo er nicht in Felsen sondern auf Bäumen gebrütet haben soll: Falcones vero sacri nidificant in minus frigidis regionibus quam girofalci... et frequentius in Britannia et Bulgaria. Audivimus etiam, quod, ubi nascuntur, nidificant super arbores, quia in partibus dictis non sunt montes, sed arbores tantum. Die Gleichstellung des Sakers mit dem Britannicus vollzog Albertus (Stadler 1457[31]) mit den Worten ... quod quidam sacrum vocant, Symmachus autem vocat britannicum. Daß Albertus die Angaben des Ptolemäusbriefes über den *britannicus* in sein Sakerfalkenkapital übernahm, zeigt die nachfolgende Gegenüberstellung der Texte:

Ptolemäusbrief (Ausg. Rigaltius, Paris 1612, II, 204)	Albertus (Ausg. Stadler 1457[35]ff.)
Istud genus habet pedes grossos, crura nodosa, vngues crudeles, aspectum flammeum, oculos terribiles, caput et pectus grossum, juga alarum magna: qui et facillime habilitantur ad volandum, et multum ac diu volare possunt; delicatissime pasci volunt; et tantum fere comedunt, quantum aquilae. Et hoc genus volucrum credimus quod superius aëriophilon vel aërium diximus.	... crura habet grossa et nodosa, ungues crudeliores quam aquila, aspectum terribilem, oculos valde flammeos ex citrino in rubedinem declinantes, caput magnum et rostrum fortissimum, iuga sive complicationes alarum magnas et quasi semper exhibitas ad volandum, et hoc solum inter falcones habet caudam aliquantulum longam: est autem in magnitudine aquilae magnae fere. (1457[32]ff.) ... et quidam vocat aelium quasi aërinum falconem. Quidam autem hoc dicunt aëryphylum quasi aërem amantem falconem.

Der *britannicus* findet sich als *Breton* in der katalanischen Übersetzung des Ptolemäusbriefes (Rigaltius, a. a. O., II, 189) wieder, wird aber sonst kaum erwähnt.

Friedrich II. von Hohenstaufen schätzte den Sakerfalken außerordentlich hoch, stellte ihn nach dem Gerfalken, aber vor den Wanderfalken und widmete der Reiherbeize mit ihm das ganze fünfte Buch in De arte venandi cum avibus. Der sich stark auf levantinische Gewährsleute stützende Jean de Franchières gab in seiner Fauconnerie (Poitiers 1567, 10) als erster eine zuverlässige Beschreibung der Heimat des Sakerfalken: Mais entre nous de Rhodes disons qu'ilz viennent des parties de Roußie et de Tartarie et deuers la mer Maior. Autant en disent ceulx des parties ou ils se prennent: ce qu'ilz sçauent par le voyage qu'ilz font tous les ans enuers les parties des Indes et de Midy. Les Sacres se prennent par les Isles de Leuant en grand' quantité: comme en l'isle de Candie et enuiron, en l'isle de Cypres, de Rhodes et autres plusieurs isles de l'Archipelago. Guillaume Tardif hatte bei Abfassung des Sakerfalkenkapitels in seiner Fauconnerie (Poitiers 1567, 11) einen Moamintraktat zur Hand, aus dem er die dort genannten „babylonischen und assyrischen" Bezeichnungen für diese Falkenart entnahm. Mit seinen Angaben über die Heimat des Sakers stützte er sich auf Franchières. Ein zuverlässiger Gewährsmann ist Belisarius Acquaviva, Herzog von Nardo, dessen viel zu wenig beachtetes, 1519 in Neapel erschienenes Buch De venatione et de aucupio einige interessante Hinweise enthält. König Ferdinand der Katholische, nicht nur Herrscher des vereinigten Spaniens sondern auch Träger der Krone Siziliens, soll ihm zufolge der Beizjagd mit Sakerfalken besonders zugetan gewesen sein. Kaiser Maximilian habe Kundschafter nach den äußersten Teilen Sarmatiens „quos polonos nominamus" geschickt, um dort Sakerfalkennestlinge unmittelbar aushorsten zu lassen. Conrad Gesner (De avium natura, Zürich 1555, 64ff.) beschränkte sich auf eine Zusammenstellung dessen, was vor ihm Albertus Magnus, Belisarius Acquaviva und Tardif zu diesem Thema gesagt hatten. Bei ihm begegnen uns die deutschen Synonima *Kuppel* und irreführend *Stocker* bzw. *Stockahr*, von denen *Kuppel* wegen der Neigung dieser Art zum paarweisen Jagen mit lat. *copulatus* in Verbindung gebracht wird. Durch Francesco Sforzina da Carcano (Tre libri de gli vccelli da rapina, Venedig 1568, 20) erfahren wir, daß Sakerfalken vorzugsweise über Venedig aus Kreta gebracht wurden und der deutsche Kaiser sich der mit dem Import befaßten professionellen Händler bei der Deckung seines Bedarfs bediente. Ulysses Aldrovandi (Ornithologiae hoc est de avibus historiae libri XII, Bologna 1599, 467–470) mehrte die Zusammenstellung der herkömmlichen Quellen um Belon. Was Charles d'Arcussia dagegen in seiner Fauconnerie über den Sakerfalken schrieb

(Rouen, 1644, 48/49) war originell wie alles, was der Feder dieses hervorragenden, nur mit Friedrich II. zu vergleichenden Kenners der Beizjagd entstammt. Zwar hatte schon Belon betont, daß der Saker in Frankreich nicht heimisch sei, aber d'Arcussia wiederholte mit Nachdruck, daß die Behauptung, es seien in seiner Heimat schon Sakerfalkennestlinge gefunden worden, durchaus auf Irrtum beruhe. Interessanterweise hatte Arcussias deutscher Übersetzer (Falconaria, Das ist / Eigentlicher Bericht vnd Anleytung wie man mit Falcken vnd andern Weydtvögeln beitzen soll, Frankfurt/M., 1617, 45/46) kein deutsches Wort für diese Falkenart zur Verfügung. Er bediente sich der mit lateinischen Buchstaben geschriebenen Formen *Sacre*, *Sacer* und *Sacret*, letzterer für das kleinere Männchen. Auch Pacius (439) behalf sich mit *Sacre*. Tatsächlich war der Sakerfalke im deutschen Sprachgebiet viel zu wenig bekannt, als daß der häufige Gebrauch seines Namens hätte erwartet werden können. Wir finden das vom Arabischen über das Lateinische oder eine andere romanische Sprache dem Deutschen vermittelte *sacker* nicht vor dem 14. Jahrhundert, wo es im Minnefalkner (als Anhang zu Hadamar von Laber, Jagd, herausg. von J. A. Schmeller, Stuttgart 1850, Str. 11, 25 und 82) mit einer gewissen Geringschätzung für eine Falkenart angewendet wird. Im 15. Jahrhundert ist es bei Oswald von Wolkenstein (herausg. von Schatz, 1904, 110, 31 ff.) als *sägger* und in der vorliegenden Übersetzung Münsingers nachgewiesen. Münsingers Worte (6 v^{8}) *Etlich heissent sie lufft falcken, wann sie den lufft lieb hond vnd stigen hoch über sich in den lufft* sind nur eine Übersetzung der entsprechenden Stelle bei Albertus (Stadler 1457^{32}) . . . *quidam vocat aelium quasi aërinum falconem. Quidam autem hoc dicunt aëryphylum quasi aërem amantem falconem, et de hoc superius diximus quod amat alte volare* . . . Münsingers Wortschöpfung *lufft falcke* ist nicht in die lebende Sprache eingegangen.

Unverständlich ist nach all diesen Darlegungen, daß Fr. A. L. Thienemann (Kritische Revision der europäischen Jagdfalken, Rhea, Ztschr. f. d. ges. Ornithologie, 1. Heft, Leipzig 1846, 91 ff.) den Sakerfalken nicht zu identifizieren wußte, die darunter verstandene Greifvogelart möglicherweise für den Bartgeier (*Gypaëtus barbatas*) hielt und zu dem entmutigenden Schluß kam: „Nach allem scheint es gerathen, einen so zweifelhaften Namen lieber ganz zu streichen."

salbey 36 r^{16}, 37 v^{4}, 38 v^{31}, 50 r^{22}, 52 r^{6}, 65 v^{2} Gartensalbei, *Salvia officinalis L.*; die Erwähnung 68 v^{10} beruht auf einem Übersetzungsfehler. Die Vorlage (Stadler 1389^{10}) hat *saliva* = Speichel, nicht – wie Münsinger übersetzte – *salvia* = Salbei.

sal gemma 28 r^{8} Steinsalz.

scamone 49 r^{19} Purgierwinde, *Convolvulus Scammonea L.*

schaden von einem důch 25 v^{20} Reste eines Leinentuches, Tampon, für lat. stuppa, Werg.

schalle 4 r^{23} Lärm, sonus.

(*in*) *schappels wise* 84 v^{1} nach Art eines als Kopfschmuck dienenden Blumenkranzes.

scharlach 36 r^{23} Muskateller- oder Scharlachsalbei, *Salvia Sclarea L.*

scharsach 26 v^{20}, 68 v^{1}, 70 r^{18} Schermesser.

scharwol 28 r^{10} Scherwolle, Schnittwolle.

schelkrut 27 v^{17} Schöllkraut *Chelidonium maius L.*

schels 4 r^{23} seitwärts, schräg, ex obliquo.

scherben 70 r^{13}, 76 r^{15} Tontopf

schinberlichen 6 r^{19}, *scheinberlich* 15 r^{7} sichtlichen, in die Augen fallenden.

Schlafen 17 r^{2} Slawien, regiones Sclavorum.

schul 56 r^{1} Erkrankung des Zahnfleischs, lampistus.

seckel kruts 71 v^{20} vermutlich die Ackerskabiose, *Knautia arvensis Coult.* oder die Taubenskabiose, *Scabiosa Columbaria L.*

sefen baum 36 r^{14}, 37 v^{2}, 41 r^{19}, 45 r^{8}, 46 v^{24}, 71 v^{13} Sade- oder Seviebaum, Stinkwacholder, *Juniperus sabina Garcke.*

segen 23 v^{17}, 26 v^{13}, 38 r^{18}, *seyen* 35 v^{6}, 37 r^{19}, 50 r^{15}, *geseget* 29 v^{14} streuen, gestreut.

selchen stangen 52 r^{8} Stange aus Weidenholz, super lignum salicis.

senff krut 40 r^{6} schwarzer Senf, *Sinapis nigra L.*

seych 54 v^{12} Harn.

sindelstein 45 r^{21} Schlacke, Schlackenstein.

sinwel 3 r^{10}, 3 r^{14}, 3 v^{1}, 8 v^{13}, 20 v^{1}, 22 r^{19}, 31 r^{17}, 52 v^{10,14}, 53 r^{5}, 55 v^{10}, 56 r^{18,22}, 58 v^{17}, 79 v^{6} rund, *sinweler* 31 r^{13} runder, *sinwelle* 3 r^{12} Rundung.

slechten 82 r^{16} flachen, platten, planus

sleben 28 r^{1} Schlehen, Früchte des Schwarzdorns, *Prunus spinosa L.*; *sleben safft* 28 r^{2}, Schlehensaft.

sleyer 55 v^{15} Schleier, Stoffstück, antiqua wimpla.

sligen 28 v^{11} Schleie.

smeissen 40 v^{20,22}, 41 r^{8,9}, 41 v^{2}, *smeyßt* 23 r^{1}, 32 r^{4}, *gesmeyst* 19 v^{23}, 23 v^{10} schmeißen, den Kot auswerfen.

smirlin 14 v^{7,8}, 15 r^{10}, *smyrlin* 16 v^{21}, 17 r^{1} Merlin, *Falco columbarius regulus Pall.*

smůckt 78 v^{1} zieht sich zusammen.

(*mit*) *smůczern* 33 r^{18} mit freundlichem Zuspruch, (cum) provocatione.

snecken, wissen 68 r^{3} bei Albertus (Stadler 1388^{35}) ist von testudines cum suis conchis die Rede, was ebenso mit „Schildkröten mit ihren Schalen“ übersetzt werden könnte. Ryff D II v hat wie Münsinger *schnecken sampt jhren heußlin.*

(*nit*) *snur rechts* 4r[22] (nicht)in schnurgerader Linie, (non) dyametraliter sive perpendiculariter, (nicht) durch den Mittelpunkt gehend, gleichsam senkrecht.

snytz 75v[14] Schnitz, Schnittchen (von einem Rettich).

spän grün 26r[6] Grünspan.

sparn 20r[18], 28r[21], 28v[18], *sparen* 28r[6,9], 28v[8], 47r[15], *sparwen* 23v[8] Sperlinge, passeres.

sperbel 30v[11] Sperber; Ryff (N Vv) hat für *nisus* das ungewöhnliche deutsche Wort *Wameter*.

sperber s. a. grosen Sperber.

spin sůlin 23r[8] Spanferkel.

sprintz 2v[18], 14v[21] Sprinz, Sperbermännchen, *Accipiter nisus*♂; nisum, quem muscetum vocant.

stafisagria 21v[17], 24v[2], 27v[5], *Delphinium Staphisagria L.*

stechroß 53v[6,9] Turnierpferd.

steinbrech 30r[4], 36v[10], 38v[21] Steinbrech, *Saxifraga granulata L.*

steinfalck 16v[18] Das Wort *Steinfalk* – bei Albertus (Stadler 1492[21]) falco lapidaris genannt – ist wohl ein Trivialname für eine der kleineren Wanderfalkenvarietäten, deren Heimat Albertus in den Alpen suchte. Jedenfalls deutet der Hinweis, der Steinfalke stehe in Größe und Lebhaftigkeit zwischen dem peregrinus, d.h. dem auf dem Zug gefangenen starken Wanderfalkenweibchen, und dem gybosus, d.h. dem kleinen Wanderfalkenterzel, darauf hin. Auch sollte er nach Albertus wie ein Wanderfalke gehalten und geatzt werden. In der mhd. Dichtung erscheint das Wort *stainfalke* nur einmal in dem ins 14. Jahrhundert gehörigen Minnefalkner (25) in einer offensichtlich nach der Körpergröße bestimmten Reihenfolge: gerfalken, bilgram, spengel, *stainfalken*, smirlin.

sterne 4r[6] Pupille, Augenstern, pupilla.

stossen 41v[5] der Beizvogel wurde in den Mauskorb nicht gesetzt, sondern *gestossen*; *jnstossen* 41v[7].

streng, *strenge* 64r[14,15,18], 64v[3,7,13,15,19], 65r[1,20], 65v[4,8,20], 66r[3] Erkrankung der Atmungswege, Druse, stranguilina.

strubeln 71r[19] sträuben.

strupfft 61v[4] zusammenziehen, zusammenschrumpfen.

stryt pfert 53v[9], *sthryt pferd* 53v[7] Streitroß, Schlachtroß, dextrarius.

subtilichen 49v[18], *subtiliclich* 62v[5] genau.

suchtlem 34v[10], 64v[20] ansteckend.

sůe borst 37r[19] Sauborsten, Schweinsborsten.

sulen 67v[9], *sůlen* 57v[15], *sůlen* 70v[8], 75v[3], 76r[7], 77v[18] Pfriemen, subula.

swartzfalcken 12r^{3,4,5,12,14}, 12v^{14}, 13r^{8,10,11} Mit der Erwähnung einer schwarzen, einer weißen und einer roten Falkenart an sechster, siebenter und achter Stelle gab Albertus den Ornithologen ein Rätsel auf, das bislang nur schwer lösbar zu sein schien. Wir kommen jedoch in der Erklärung seiner Ausführungen einen wesentlichen Schritt weiter, wenn wir die Grundlagen seiner Systematik überprüfen.

Albertus fand in den Handschriften, die er als Quellen für seinen Traktat benutzte, zwei durchaus abweichende Schemen der systematischen Ordnung der Falconiden vor. Einerseits lag ihm der Ptolemäusbrief vor, in dem sieben bzw. acht Falkenarten nebeneinander gestellt wurden, andererseits stützte er sich auf den Dankustraktat, in welchem, durchaus abweichend, weit weniger Falken, darunter ein schwarzer, ein weißer und ein roter, genannt sind. Albertus sah sich nun vor die Aufgabe gestellt, diese beiden Schemen der Systematik in Einklang zu bringen, was er in der Form tat, daß er der im Ptolemäusbrief niedergelegten Ordnung nur teilweise folgte, dagegen die drei nach Farben unterschiedenen Falconiden in sein System übernahm. Es ist für seine Arbeitsweise kennzeichnend und für die Beurteilung seiner ornithologischen Leistung entscheidend, daß seine Vorlagen im wesentlichen nur den Rahmen bildeten, in den er eigene Erfahrungen und selbst ermitteltes Wissen einfließen ließ. Dies bedeutet, daß Albertus' Systematik weitgehend an seinen Quellen orientiert ist, die Aussagen über die einzelnen Arten aber vornehmlich von ihm selbst stammen.

Zwei der ältesten europäischen Werke über die Falknerei, der aus dem 12. Jahrhundert stammende Dankus- und der häufig mit ihm abgeschriebene Guilelmustraktat kannten die Gliederung in falcones nigri, albi et rubei. Im Dankustraktat, den Albertus nahezu restlos in seine Arbeit übernahm – sein Kapitel XVIII von De falconibus stellt eine wörtliche Abschrift dar, obgleich sein Inhalt von Albertus fälschlich Guilelmus, einem Falkner König Rogers von Sizilien zugeschrieben wird – sind im Abschnitt 17 "De naturis diversorum falconum" die falcones qui habent pennam nigram, die falcones qui habent pennam albam und die falcones qui habent pennam rubeam nebeneinander gestellt. Was im Dankustraktat über deren Charakter, Ernährung und Behandlung im Krankheitsfall gesagt ist, übernahm Albertus in das XVII. Kapitel (Stadler 1473$^{25-38}$) seiner Arbeit. Etwas ausführlicher wird über diese drei farblich unterschiedenen Falken im 20. und 21. Abschnitt des Guilelmustraktats gesprochen. Hier ist vor allem das Kapitel De origine falconum von Interesse, obgleich wir es inhaltlich bei Albertus nicht wiederholt finden. In ihm wird gesagt, daß es ursprünglich nur schwarze Falken gegeben habe. Ein nach Abgang eines schwarzen Terzels durch Tod traurig zurückgebliebenes schwarzes Falkenweibchen paarte sich mit einem byrzulfus genannten Vogel. Aus dieser Vermischung gingen die weißen Falken hervor. Aus Paarung der ursprünglichen schwarzen Falken mit den weißlichen, den albarellis, entstanden die roten. Leider ist in den beiden Traktaten, die wir mit den Namen Dankus und Guilelmus verbinden, nichts Näheres über Heimat und Aussehen dieser Falken gesagt, aber einige Hinweise sind uns doch gegeben: Es handelt sich offenbar weder um verschiedene Arten noch um eine Differenzierung nach Altersstufen. Gegen das letztere spricht der Hinweis im 22. Abschnitt des Guilelmustraktats, das den Titel De cognicione falconum führt: Albus falco bonus est, ut dictum est, tamen quando sunt sauri non veneris cum eo, nisi prius mutetur. Hier werden somit der sorus des ersten Lebensjahres und die ältere vermauserte Form des weißen Falken nebeneinander gestellt, was keinen Sinn hätte, wenn beispielsweise unter dem falco rubeus schlechthin ein Falke im rötlichen Jugendkleid zu verstehen wäre. Für die Vermutung, daß mit den schwarzen, weißen und roten Falken nicht drei verschiedene Spezies gemeint waren, sprechen zwei Gründe: einerseits werden bei Guilelmus andere Arten neben diesen drei Falken namentlich erwähnt, so der Lanner und der Merlin. Es wäre also naheliegend gewesen, bei den nach Farben unterschiedenen Falken gleicherweise die üblichen Namen für die gemeinten Arten – z.B. Wander-, Ger- oder Sakerfalke – zu nennen. Dies geschah aber keineswegs. Andererseits ist beachtlich, daß es sich um Falken handelte, die aus einundderselben Wurzel – der schwarzen –, stammen sollten.

Nach all dem Gesagten kann mit Sicherheit angenommen werden, daß es sich bei den in der südeuropäischen Falkenliteratur des 12. Jahrhunderts erwähnten Farbvarietäten um verschieden beheimatete Subspezies des meist gebrauchten und vielfach schlechthin als falco bezeichneten Wanderfalken handelt. Einen einzigen Hinweis auf die Herkunft der falcones nigri enthält der 20. Abschnitt des Guilelmustraktats: Venerunt a Babilonia in montem Gelboe et deinde venerunt in Sclavoniam et venerunt ad Palumidum, quod est in pertinentiis Policastri. Diese Bemerkung finden wir in etwas abgewandelter Form auch bei Albertus (Stadler 1465[1]ff.). Sie verdient hier wiedergegeben zu werden, da Münsinger auf eine Übersetzung verzichtete: Hunc falconem Federicus imperator sequens dicta Guilelmi, regis Rogerii falconarii, dixit primum visum esse in montanis quarti climatis quae Gelboe vocantur, et deinde iuvenes expulsos a parentibus venisse in Salaminae Asiae montana, et iterum expulsos nepotes primorum devenisse ad Siciliae montana et sic derivata esse per Ytaliam. Die Heimat der schwarzen Falken war demnach Babylonien; von hier sollten sie zum Berg Gelboe der Vulgata, d. i. Gilboa, heute Dschelbon, dem nordöstlichen Ausläufer des nördlich Jerusalem gelegenen Gebirges Ephraim gekommen sein. Die nächsten

Punkte dürften eher Stationen des Handels als der Heimat gewesen sein: die Berge des asiatischen Salamis, wobei im Gegensatz zum Attika benachbarten Salamis nur an die gleichnamige Stadt auf Cypern gedacht gewesen sein kann, Sizilien und Italien.
Über diese Textstelle wurde im übrigen in den Anmerkungen zum Jagdbuch des Petrus de Crescentiis (Berlin 1957, 167, N. 48) gesprochen. Sie gibt den Hinweis, daß die unter dem falco niger verstandene dunkle Form des Wanderfalken im nahen Osten zu suchen ist.
Soweit die Vorgeschichte zu der so rätselhaft erscheinenden Systematik der Falconiden bei Albertus. Der große Naturforscher stieß offensichtlich beim Studium des älteren Schrifttums auf die drei nach Farben unterschiedenen Falken, erkundigte sich über diese bei seinen Gewährsleuten und faßte in den Kapiteln über die sechste, siebente und achte edle Zucht zusammen, was er über sie in Erfahrung gebracht hatte. Versuchen wir, das Wesentliche seiner Angaben mit den Erkenntnissen der modernen Ornithologie in Übereinstimmung zu bringen, so ergibt sich folgendes Bild: Der *swartz falcke* war eine der dunklen östlichen Formen des Wanderfalken, wahrscheinlich *Falco peregrinus babylonicus Scl.* Alberts *wiße falcken* sind zweifellos die großen lichten Skandinavier, *Falco peregrinus scandinaviae Kleinschmidt*, vielleicht sogar ihre noch helleren östlichen Nachbarn, *Falco peregrinus calidus* (*leucogenys*) *Lath.* Der *rot falcke* aber ist der nordafrikanische *Falco peregrinus pelegrinoides Temm.*, sofern nicht an den südeuropäischen *Falco peregrinus brookei Sharpe* gedacht war. Dieser Nordafrikaner ist kleiner als seine „schwarzen" und „weißen" Artgenossen. Kleinschmidt (Berajah, Zoographia infinita. Realgattung Falco Peregrinus, 1927, 96) weist darauf hin, daß bei ihm das Weibchen nur noch die Größe eines sibirischen *leucogenys*-Männchen erreicht und „das kalte Weiß des Nordländers mit warmer Lachsfarbe übergossen" sei. Das Wenige, was wir mit einiger Zuverlässigkeit aus der Beschreibung bei Albertus Magnus entnehmen können, trifft auf diese drei Subspezies von *Falco peregrinus* zu. Die *swartz falcken* waren im Osten beheimatet; ihre Übereinstimmung mit dem in Mitteleuropa üblicherweise gebrauchten, auf dem Herbstzug gefangenen *peregrinus* wird nachdrücklich betont. Die *weiß falcken* kamen a Septentrione et mari Oceano, also aus nordischen Regionen, vorzugsweise aus Schweden, Norwegen und Estland, wobei Albertus' Vorstellung von diesem geographischen Raum auch Teile des nördlichen Rußlands eingeschlossen haben dürfte. Von ihnen heißt es bezeichnend, sie neigten im gleichen Sinne zu einer Mutation ins Weißliche wie der vorhergehende Typ zum Dunklen: Est autem hic falco ita in varietate subalbidus sicut is de quo ante diximus est niger (Stadler 1465[33]). Er sei jedoch etwas größer und kräftiger als der *peregrinus*. Und auch der *rot falcke* hatte seinen

Namen non quod in toto rubeus sit, sed quia guttae quae in aliis albae sunt, in hoc genere sunt rubeae (Stadler 1466[33]). Seine Größe wird zutreffend paululum minor peregrino (Stadler 1467[15]), also ein wenig kleiner als der *peregrinus* angegeben. Schon die Zitate, daß der *peregrinus* für die drei nach Farben unterschiedenen Subspezies stets zum Maßstab gemacht wurde, bestätigt die hier gegebene Erklärung für die schwarzen, weißen und roten Falken.

swebel 84r[11] Schwefel, sulfur.

swemer 11v[5, 8] Münsingers Übersetzung *swemer oder mů̊ser* ist durch die von ihm eingeschobenen Worte *oder mů̊ser* fehlerhaft und irreführend. Bei Albertus heißt diese Vogelart *rubeus lanarius quem vulgo sweimer vocant* (Stadler 1462[8]). Für einen mit der hier beschriebenen Raubvogelfangmethode nicht Vertrauten wie offenbar Münsinger war eine gedankliche Verbindung mit dem landläufig als *sweimer* bezeichneten Mäusebussard (*Buteo buteo*) oder *mů̊ser* naheliegend. Tatsächlich aber kann dieser nicht gemeint sein.

Die Frage, welche Vogelart Albertus unter dem *rubeus lanarius* verstand, ist bisher nicht befriedigend beantwortet worden. Im allgemeinen herrscht die Auffassung vor, daß er damit den anderweitig nicht erwähnten Turmfalken (*Falco tinnunculus*) bezeichnen wollte und einige seiner Hinweise scheinen diese Annahme zu bekräftigen. Denn der *rubeus lanarius* kommt in dem Kapitel *De tribus generibus lanariorum* (Stadler 1469[17]) noch ein zweites Mal vor. Dort heißt es, er habe rötliches Gefieder, die Größe eines Merlins und lebe vom Mäusefang, drei Merkmale, die vorzüglich zum Turmfalken passen. Nur die Bemerkung, daß der gleiche *rubeus lanarius* als Lockvogel beim Falkenfang gedient haben soll, ist nicht mit dem Turmfalken in Einklang zu bringen. Wir kennen keine Belegstelle im Schrifttum, die als Beweis für die Richtigkeit der hier aufgestellten Behauptung dienen könnte. Deshalb ist die Vermutung naheliegend, daß sich bei Albertus ein Irrtum eingeschlichen hat. Gemeint war vielleicht nicht *rubeus lanarius* sondern *rubeus lanius*, der als Lockvogel beim Falkenfang brauchbare rotrückige Würger (*Lanius collurio*). Ryff (L IIIIr) nannte ihn in Anlehnung an das Wort *swemer* in seiner Vorlage *rotter Schweymer*, wobei das hinweisende rubeus nicht wie bei Münsinger unterging; Pacius (449) beschränkte sich auf das Wort *Schweimer*. Beliebter als Lockvogel beim Falkenfang als *Lanius collurio* war allerdings der größere Raubwürger (*Lanius excubitor*), für den jedoch der Farbhinweis rubeus nicht zutrifft.

swertel wurczel 72r[8] Wurzeln der Wasserschwertlilie, *Iris Pseudacorus L.*

syder 13v[15] da zufolge.

syler montanus 37v[11] *Siler montanum Crantz.*, möglicherweise auch *Laserpitium siler L.*

Symachus s. Theodocion.

(*gen*) *syt mers* 12r[17] gegen das südliche Meer. Die Angaben über die Herkunft der schwarzen Falken sind bei Albertus (Stadler 1465[1]ff.) viel ausführlicher als bei Münsinger; sie gehen unmittelbar auf den Guilelmustraktat zurück.

tach 3v[21], 8v[17], 12r[7], 12v[16], 14r[3], 31r[15] Rücken des Beizvogels, Dach, dorsum (Stadler 1454[35], 1460[8], 1464[34], 1465[35], 1467[35], 1438[12]). Das Wort Dach ist auch der lebenden Falknersprache geläufig. Fritz Engelmann (Die Raubvögel Europas, Neudamm 1928, 814) bezeichnet damit allerdings nur den Zwischenraum zwischen des Beizvogels Schultern. Renz Waller (Der wilde Falk ist mein Gesell, Neudamm 1937, 329) hat dagegen dem alten Sprachgebrauch entsprechend „Rücken des Falken".

tätet 13v[17] kennzeichnet, ist gleichbedeutend.

temperiren 36v[12] mischen.

tennen . . . stangen 52r[7] Stange aus Tannenholz, super lignum abietis.

tertz zyt 17r[20], 22r[21], 34r[3] die dritte Stunde, nach unserer Zeitrechnung neun Uhr vormittags.

test 46v[11] Topf, Tiegel.

Theodocion, Aquila vnd Symachus 2r[19], 6v[7], 15r[5], 17r[19], 30v[23], 48r[17, 22] *die wisen meistern von krichen landen* 27r[5] die angeblichen Verfasser des sogenannten Ptolemäusbriefes, s. Einleitung Teil I, 19—22 und 32—37.

tigris 80v[16] Tiger.

tormentilla 78v[10] Fingerkraut, *Potentilla tormentilla L.*

tortucas 54r[18] Schildkröten, *Testudo Graeca L.*; die Übersetzung für tortucas fehlt allen Handschriften, so daß bei Münsinger dem ganzen Satz durch die Lakune der ursprüngliche Sinn genommen ist.

tosten, rotten 65v[2], 69r[16, 19] Dost oder Wohlgemut, *Origanum vulgare L.*; *wissen tosten* 65v[3] Schafgarbe, *Achillea Millefolium L.* oder Sumpf-Garbe, *Achillea Ptarmica L.*

trackheit 14r[12] Furchtsamkeit, Schüchternheit, timiditas.

trauwe 83r[16] Drohung.

trecher 54v[18] Tränen.

trenffenlich 25v[18] hauptsächlich.

triackers 26v[9, 18], 36v[19] Theriak, Gegengift gegen den Biß giftiger Tiere; s. voc. *tyriacam* im Glossar zur Übersetzung des Wernherus Ernesti.

tritzlin 2v[3], 2v[8] Terzel, Habichtsmännchen, *Accipiter gentilis* ♂, asturem minorem quem tercelinum vocamus (Stadler 1493[7]); s. auch Kurt Lindner, Die deutsche Habichtslehre, Berlin 1955, 245 N. 1; ders., Das Jagdbuch des Petrus de Crescentiis, Berlin 1957, 178 N. 132.

tropffen 12r^{9} Schaftflecken am Gefieder des Beizvogels, guttae falconariae.

tucher 31v^{9}, 44v^{6} mit diesem Sammelbegriff übersetzte Münsinger mergum et fulicam (Stadler 1438^{26}) in seiner Vorlage. Albertus dachte an einen Säger oder einen Taucher und an das Bläßhuhn, die sämtlich mit dem inhaltlich nicht genau bestimmten ahd. Wort *tûbbil* = Taucher erfaßt wurden.

ůberkommen 79v^{17}, 81r^{4} züchten, aufziehen.

ůbermegerunge 19v^{13} überstarke Abmagerung.

uß werffen 53v^{8,21} verschneiden, kastrieren.

verbena 45v^{23} Eisenkraut, *Verbena officinalis L.*

verfangen 70v^{19} Schaden

vergleßten 74r^{17} glasierten.

vernůsset 9r^{15} bemüßigt fühlt.

verzakt 3r^{7} verzagt, scheu, timidus (bezieht sich auf die Eulen).

vesper zyt 17v^{4}, 18v^{21}, 19r^{9}, 34r^{10} bis zum Abend, Abendzeit.

vintusen 63v^{1} Schröpfkopf.

ůlen 42v^{23}, 46v^{6} Eule, Eulen.

vnabgedruckt 43v^{13} unverdaut.

vnbestemmekeit 4r^{22} Ungestüm.

vncken 41v^{14} Unke, Schlange.

vnedeln falcken 15r^{3,5,20}, 15v^{11,19} In dem Kapitel *von den vnedeln falcken* steckt ein Mißverständnis, durch das Erklärung und Deutung erschwert werden. Albertus muß bei Abfassung seines De tribus generibus lanariorum et nutritura eorum überschriebenen Kapitels XV einem Irrtum unterlegen sein. Der von ihm zitierte Ptolemäusbrief kennt keine drei sondern nur zwei *lanarii*. Unbekümmert machte Albertus daraus drei genera, da er nach angeblich deutschem, bisher aber anderweitig nirgends nachgewiesenen Sprachgebrauch drei *lanere* (oder *lânere*) zu kennen glaubte, unter denen er offenbar eine helle und eine dunkle Varietät des Mäusebussards – vielleicht auch den helleren Rauhfußbussard, *Buteo lagopus*, und den dunkleren Mäusebussard, *Buteo buteo* (dies wird mangels irgend eines weiteren Hinweises kaum je zu klären sein) – und den Turmfalken, *Falco tinnunculus*, verstand. Siehe hierzu auch *můser*, *wisser* und *swemer*.

Bei seinem Studium der ma. lat. Beizjagdliteratur stieß Albertus nun auf den als *falco ignobilis* bezeichneten *lanarius* (*Falco biarmicus*), den er schon als *falco qui habet pedes azurinos* beschrieben hatte. Siehe *blafůß*. Infolgedessen entstand in seinen Darlegungen ein offener Widerspruch. Albertus wollte – seinem als Quelle dienenden Ptolemäusbrief folgend – vom *falco ignobilis* oder *lanarius*, d. h.dem deutschen *blafůß*, dessen jagdlichen Eigenschaften und dessen

Abrichtung sprechen. Die zu diesem Thema von ihm gemachten Angaben (Stadler 1469^{18-27}) entstammten irgendeiner Vorlage oder noch wahrscheinlicher einer persönlichen Information, die sich auf den „echten“ Lanner bezog. Alles Gesagte trifft durchaus für *Falco biarmicus*, den nach mlat. Sprachgebrauch alleinigen „echten“ lanarius zu.

Im ersten Abschnitt des 15. Kapitels (Stadler 1469^{11-17}) dagegen stellt Albertus seine drei lanarii ausdrücklich als Bussarde – *butherii* – vor, von denen er die durch nichts gestützte Behauptung aufstellt, daß sie im deutschen Sprachbereich *lanere* genannt würden.

Wir können hier lediglich auf die Ungereimtheit der in diesem Kapitel bei Albertus – und damit zwangsläufig auch bei Münsinger – zusammengeflossenen Angaben hinweisen. Ein Bussard ist zur Beizjagd untauglich. Daran ändern auch mehrjährige Versuche, ihn abrichten zu wollen, nichts.

Auffällig ist, daß Münsinger bei der Übersetzung das ihm fremde Wort *lanarius* vermied, obgleich es Albertus ausdrücklich für den deutschen Sprachschatz reklamiert hatte.

vngedöter 64 v^{5} unvermischter, nicht aufgelöster.

vörlassen 33 r^{10} Vorlaß geben. In diesem Fall handelt es sich um einen lebenden Vorlaß in Form einer flugbehinderten Taube.

vogel hund 80 r^{19}, 83 r^{15} Vogelhund.

vohen 82 r^{18} Fähe, Füchsin.

vohen fist 55 v^{9} Bovist, vesica lupi (Wolfsblase).

vrslecht 55 v^{2} Ausschlag, Pocken.

walchen 36 r^{10}, 64 v^{18} Welsche, Italiener.

waltenwachß 47 v^{19}, 57 v^{20}, 60 r^{6,8,14,20}, 60 v^{15,17,20}, 61 v^{15,19}, 62 r^{9}, 68 v^{2}, 69 v^{21}, 72 r^{22}, 76 v^{20}, 77 v^{11}, 79 v^{1} Nerv, Nerven, Sehnen, Gelenkbänder.

walwurcz 38 r^{22} die Schwarzwurz oder der gebräuchliche Beinwell, auch Wallwurz genannt, *Symphytum officinale L.*

(*grün*) *wasen* 49 v^{10} grüne Rasenscholle.

weckholter 29 v^{11} Wacholder, *Juniperus communis L.*

weger 60 r^{10} besser, melior.

wegrich 30 r^{4}, 70 r^{4} großer oder mittlerer Wegerich, *Plantago major L.* oder *P. media L.*

wegerich, fünffripechter 36 v^{7} Spitzwegerich, *Plantago lanceolata L.*

wegtret 36 v^{6} der mittlere Wegerich, *Plantago media L.* oder der Vogelknöterich, *Polygonum aviculare L.*

weidloch 38 r^{16} After des Beizvogels, anus, ist sicher als Fachausdruck in der Sprache der Beizjäger schon im 14. Jahrhundert allgemein üblich gewesen und im 15. Jahrhundert mehrfach belegt, so z.B. im Beizbüchlein (s. Kurt Lindner, Die deutsche Habichtslehre, Berlin 1955, 216, 44 r^{14} *waidloch*).

welffen 49 r^{16}, 80 v^{23}, 81 v^{9,13,18} Welpen, Welfen; *welffen* 81 v^{7} werfen (von Hunden), *gewelfft* 80 v^{6}, 81 v^{11}, 82 v^{10,17} geworfen.

welgert 53 r^{12}, 71 r^{17} wälzt.

welisch 8 v^{10} welsch, romanisch.

wenen 17 r^{17}, 17 v^{11} (an die Hand) gewöhnen (consuescere); *wennen* 18 v^{8} abrichten, *wenen* 14 v^{4}, 82 v^{14}, 83 r^{5,20} abrichten, dressieren (consuescere); *wennen, so es jung ist* 51 v^{19} abrichten, docere in iuventute; *wenet* 14 v^{11}, *gewenet* 14 v^{15}, 18 r^{7,8}, *zuwennend* 83 r^{3}. Vgl. hierzu Erik Rooth, Zum Gebrauch von mhd. *wenen*. Festschrift für Ludwig Wolff, Neumünster, 135 ff., bes. 142/143.

werck, wercke 58 r^{20}, 68 r^{5,6,8}, 68 v^{7}, 69 r^{1,5,17}, 77 v^{16} Werg, stuppa.

wermut 40 r^{15}, 44 v^{22}, 45 v^{15}, 46 v^{2}, 51 r^{23,24}, 61 v^{23}, 62 r^{21}, 63 v^{12}, 77 v^{14} Wermut, *Artemisia Absinthium L.*

wetlöffer 54 r^{1} Rennpferde, curriles.

widen blůt 50 r^{14} ist verderbt für *widen blůt* Weidenblüten, Weidenkätzchen, flores salicis; *widen knopffen* 50 r^{15} Weidenknospen, gemmae salicis; *widen bletter* 52 r^{7} Weidenblätter, folia salicis.

wieders hirn 42 v^{9} Hirn eines Widders, cerebrum vervecis sive arietis, Schöpsenhirn; *widers mist* 75 v^{5} Schöpsenmist.

wien 20 r^{12} Weihen, Milane, milvorum.

wien kengel 38 v^{5} Kiel einer Weihenfeder, penna de ala vulturis.

wil 33 r^{22} Weile.

wild habch 52 r^{3} Habichtswildfang, der zur Zugzeit gefangene, an die Freiheit gewöhnte Habicht, silvestris accipiter.

wilhalm, konig Rögers von Cecilien felckner 14 v^{13}, 21 r^{8}, 30 v^{12}, 34 v^{21}, 35 r^{2}, 39 r^{21}, 43 v^{3} s. Einleitung Teil I, 26/27.

winde 80 r^{21}, 80 v^{8}, 82 r^{11,13,15}, 82 v^{3,7,9} Windhunde, leverarius, *wind spil* 82 v^{10} Windspiel.

winhelt 53 r^{10} wiehert.

wiroch 25 v^{22}, *wirach* 26 v^{21}, 35 r^{7}, 38 r^{1}, 39 r^{22}, *wirauch* 38 r^{21} Weihrauch, thus, olibanus.

wiße falcken 12 v^{9,10} s. *swartzfalcken*.

wolffsblater 55 v^{11} Wolfsblase, vesica lupi, Bovist.

wolffs milch 37 r^{14} s. voc. *ticimallum* im Glossar zur Übersetzung des Wernherus Ernesti.

(*von der*) *wollen komen* 10 r^{12}, 17 v^{20} die Dunenfedern der Nestlinge verlieren; *wolle* bedeutete so viel wie Flaum des Nestlings.

wüste 62 v^{5} Weiche, ilia.

wůterich 36 v^{11}, 37 v^{12} Wasserschierling, *Cicuta virosa L.*, oder der gefleckte Schierling, *Conium maculatum L.*; der Urtext (Stadler 1485^{21}) hat einmal sinnstörend *cicadam* statt *cicutam*. Nur der sachkundige Münsinger berichtigte 36 v^{11} den Fehler. Alle anderen Übersetzer hielten an *cicadam* fest. Siehe Glossar Ernesti voc. *cicadam*. S. a. *hedrich*.

wůterich krut 73 r^{5}, 73 r^{13} gefleckter Schierling, *Conium maculatum L.*, oder Wasserschierling, *Cicuta virosa L.*; herba benedicta quam quidam cicutam vocant (Stadler 1392^{29}), Ryff D IIII r *Benedicten kraut*.

ybsch wurczel 34 v^{12},60 v^{9}, 76 v^{12}, 84 v^{12} Wurzel des Eibisch, *Althaea officinalis L.*

yppocras 30 v^{19}, 43 r$^{18, 20}$, 43 v^{6}, 44 r^{16}, 47 r^{6,18}, 47 v^{9} s. Einleitung Teil I, 110 ff.

ysenkrut 30 r^{4}, 36 r^{24}, 45 v^{23}, *yssenkrut* 50 r^{22} Eisenkraut, *Verbena officinalis L.*

ysop 44 r^{13}, 65 v^{2}, Ysop, *Hyssopus officinalis L.*; *wilder ysop* 36 r^{14}, 37 v^{3}, 40 v^{8} Pfeffer- oder Bohnenkraut, *Satureia hortensis L.*; *winter ysop* 44 v^{20} ist offenbar verderbt für *wilter ysop*, denn die uns fehlende lateinische Vorlage scheint *saturegia* gehabt zu haben. Jedenfalls steht in Dels Auzels Cassadors des Daude de Pradas an der korrespondierenden Stelle (Ausg. Alexander Herman Schutz, Columbus 1945, 2843) *sadreia*, im Ms. V–II–19 der Bibliothek des Escorial (Bertil Maler ,Tratado de las enfermedades de las aves de caza, Stockholm 1957, 32, Kap. VI) *assadrea*, so daß es sich auch in diesem Fall um *Satureia hortensis L.* gehandelt haben muß. *ysop ole* 40 r^{7} Ysopöl, oleum ysopinum.

zam 78 v^{4} Zaum, Zaumzeug.

zeisen 57 v^{6}, *zeiße* 25 v^{5} zausen, zupfen, kratzen, krauen, scalpere.

zerknisten 22 v^{11}, *zurknisten* 60 v^{13}, *zurknist* 60 r^{20}, 60 v^{4,13}, *zurknystunge* 70 r^{1} zerdrücken, zerquetschen; zerdrückt, zerquetscht; Druck, Quetschung.

zettelt 41 v^{17} verstreut, verliert.

ziment rinde 22 r^{16}, *zymmet Rinde* 35 r^{5}, 35 v^{9}, *zimmen* 36 v^{9}, *zymen* 39 r^{14} Zimt, Zimtrinde.

zurblewet 72 r^{3} gebläht.

zurbrist 70 v^{17} platzt, zerbirst.

zurmo̊rst 69 v^{10} zerdrückt, zerquetscht.

zurspreiten 13 r^{16} ausbreiten, dehnen, spreizen; *zurspråtten* 5 r^{1}, *zurspreitten* 22 v^{4}, *zerspreitten* 13 r^{4} gespreizten, ausgebreiteten (Flügeln); die lat. Vorlage (Stadler 1466^{4}) hat suspensus = schwebend. *zerspreitet* 22 v^{19} verbreitet, *zespreyttet* 14 r^{13} spreizt.

zwaben 44 r^{13} baden, waschen.

zweng 66 r^{15}, *zwenge* 66 r^{16} Kreuzlähme, Schmerzen in der Lendengegend, lumbago.

zwickdarm 82 v^{11} Bezeichnung für Blendlinge zwischen Windhund – leverarius – und Hofhund – mastinus –; hat in der lateinischen Vorlage keine Entsprechung.

zwirbelfalck 7 v^{16} s. *girofalcken*.

zwirens 84 r^{13} zweimal.

zytig 58 v^{11}, *zyttig* 64 v^{8} reif, gelöst.

QUELLEN UND STUDIEN
ZUR GESCHICHTE DER JAGD

HERAUSGEGEBEN VON
KURT LINDNER

I
DE ARTE BERSANDI
EIN TRAKTAT DES 13. JAHRHUNDERTS
ÜBER DIE JAGD AUF ROTWILD
1954

II
DIE DEUTSCHE HABICHTSLEHRE
DAS BEIZBÜCHLEIN UND SEINE QUELLEN
1955

III
DIE LEHRE VON DEN ZEICHEN
DES HIRSCHES
1956

IV
DAS JAGDBUCH DES
PETRUS DE CRESCENTIIS
IN DEUTSCHEN ÜBERSETZUNGEN DES 14. UND 15. JAHRHUNDERTS
1957

V UND VI
DEUTSCHE JAGDTRAKTATE
DES 15. UND 16. JAHRHUNDERTS
2 TEILE
1959

VON DIESER AUSGABE WURDEN
350 EXEMPLARE GEDRUCKT

DIESES EXEMPLAR TRÄGT DIE NUMMER

311

DRUCK UNIVERSITÄTSDRUCKEREI H. STÜRTZ AG, WÜRZBURG

FSC
www.fsc.org
MIX
Papier | Fördert
gute Waldnutzung
FSC® C083411

Kolibri 360 GmbH
Ferdinand-Jühlke-Straße 7
99095 Erfurt, Deutschland
produktsicherheit@kolibri360.de